人类起源的演化过程
爷爷的爷爷哪里来

贾兰坡 著

中国大百科全书出版社　知识出版社

图书在版编目（CIP）数据

人类起源的演化过程：爷爷的爷爷哪里来：导读版 /
贾兰坡著 . -- 北京：知识出版社，2022.1
ISBN 978-7-5215-0020-2

Ⅰ . ①人… Ⅱ . ①贾… Ⅲ . ①人类起源 – 青少年读物
Ⅳ . ① Q981.1-49

中国版本图书馆 CIP 数据核字（2021）第 260870 号

人类起源的演化过程：爷爷的爷爷哪里来（导读版）

贾兰坡　著

出 版 人	姜钦云	
丛书策划	李默耘	
图书统筹	李现刚　王云霞	
责任编辑	任　君	
责任印制	李宝丰	
出版发行	知识出版社	
地　　址	北京市西城区阜成门北大街 17 号	
邮　　编	100037	
网　　址	http://www.ecph.com.cn	
电　　话	010-88390739	
印　　刷	河北泓景印刷有限公司	
开　　本	710 毫米 ×1000 毫米　1/16	
字　　数	168 千字	
印　　张	13	
版　　次	2022 年 1 月第 1 版	
印　　次	2024 年 3 月第 17 次印刷	
书　　号	ISBN 978-7-5215-0020-2	
定　　价	23.00 元	

本书资料卡

作者简介

　　贾兰坡（1908-2001年）：中国现代考古学家、第四纪地质学家。1931年入中国地质调查所新生代研究室，参加周口店北京人遗址的发掘工作。先后任练习生、练习员、技佐。1937年任调查员，1945年改称技士。中华人民共和国成立后，历任中国科学院古脊椎动物与古人类研究所副研究员、研究员、学术委员和中国社会科学院考古研究所学术委员，并任中国科学院生物学地学部学部委员。他兼任过古脊椎动物与古人类研究所新生代研究室副主任、标本室主任和周口店工作站站长等职；同时，还是中国地质学会第四纪地质及冰川专业委员会副主任，中国考古学会副理事长，中国太平洋历史学会副会长兼秘书长，文化部国家文物委员会委员。

内容简介

　　《人类起源的演化过程：爷爷的爷爷哪里来》是贾兰坡先生在耄耋之年写给广大青少年的一部带有回忆录性质的科普类读物。作者以第一人称的写法，深入浅出地讲述了自己研究中国古人类历史的一个个故事，向大家介绍古人类起源、生存的证据，叙述了北京人头盖骨的发现、保护过程，有关石器发掘的不寻常的意义和价值等，从科学的角度分析了

人类从猿到人，由原始走向现代，由低级迈向高级的艰难历程。

作品主题

该书借助一个个娓娓动听的故事向广大青少年介绍了"人类起源学"的基础知识，旨在培养和提高青少年对这门学科的兴趣。作者以自己的成长经历和工作历程启迪和引导青少年：要认识到学无止境，对知识要有如饥似渴的热爱；为了实现理想要坚持不懈地追求；要乐观坚强地面对困难，并勇于去克服。

目录

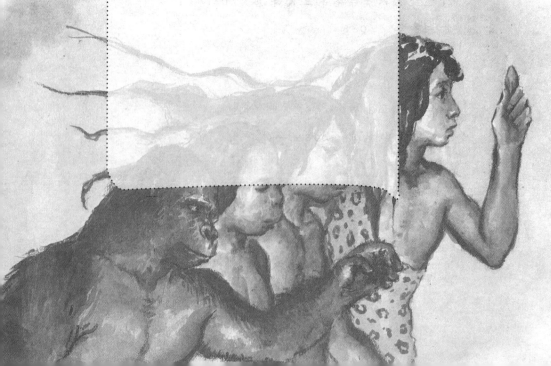

从"神创论"到
认识上的蒙昧时期

？文前小问号

很早以前，人们就在思考人是怎么来的，于是有了"盘古开天辟地""女娲抟土造人"等神话传说。随着科学的发展，人类对自己究竟来源于哪又是怎样认识的呢？

人类很早就想知道自己是怎么来的。由于科学的落后，人们得不到正确的答案，就认为人是用泥土造的，也就是"神创论"。"神创论"在世界上流传很广，东西方都有这样的神话故事传播。

在中国广为流传的是盘古开天辟地和女娲抟①土造

✎ 点评

不管是东方还是西方，人们都渴望知道自己是怎么来的。

---

① 抟（tuán）：音同团，指把东西揉弄成球形。

点评

人对未知总是充满着好奇，在不断地猜测和推想，进而得出自己的答案。

举例子

列举了埃及和古希腊神话来说明国外也有泥土造人的说法。

知识链接

犹太教是世界三大一神信仰中最古老的宗教，也是犹太民族的生活方式及信仰。

知识链接

基督教是对奉耶稣基督为救世主的各教派统称，亦称基督宗教。基督教与佛教、伊斯兰教并称三大宗教。

人。古人认为，世界上最初没有万物，后来出现了盘古氏，他用斧头劈开了天、地。此后天一天天加高，地一日日增厚，盘古氏也一天天跟着长大。万年之后，就形成了天高不可测、地厚不可量的世界，盘古氏也成了顶天立地的巨人，支撑着天与地。他死后化成了太阳、月亮、星星、山川、河流和草木。天地星辰、山川草木、虫鱼鸟兽出现了，只是世界上还没有人。这时女娲出现了，她取来土和水，抟成泥，捏成人，从此世上就有了人。

在国外的神话中，也有相似的说法。在埃及的传说中，鹿面人身的神哈奴姆用泥土塑造了人，并与女神赫脱给了这些泥人生命。在古希腊的神话中，普罗米修斯用泥土捏出了动物和人，又从天上偷来火种交给了人类，并教会了人类生存技能。

随着人类社会的不断发展，这些优美的神话传说又被宗教利用，成为宗教的经典，并撰成教义，使之更加在人们心目中广为流传。关于"上帝造人"，古犹太教的创世纪部分，说上帝花了6天时间创造了世界和人类：第一天创造了光，分了昼夜；第二天创造了空气，分了天地；第三天创造了陆地、海洋、各种植物；第四天创造了日月星辰，分管时令节气和岁月；第五天创造了水下和陆上的各种动物；第六天创造了男人和女人及五谷、牲畜；第七天上帝感到累了，就休息了。在基督教的"创世说"中说耶和华上帝创造了天地之后，世界仍一片荒芜，于是他降甘露于大地，长出了草木。耶和华用泥捏了一个人，取名"亚当"，造了一个伊甸园，把亚当安置在里面。伊甸园中有各种花木，长着美味的果实。后来耶和华上帝感到亚当一个人很寂寞，在亚当熟睡之时，抽出他的一根肋骨造了一个女人，取名"夏娃"，上帝把各种飞禽走兽送到他们跟前。后来，夏娃偷吃了禁果，上帝便把亚当、夏娃贬下尘世。随后上帝又发了一场洪水以示对世间罪恶的惩罚，并造了一只诺亚方舟①，来拯救世间无辜的生灵。

不管是女娲抟土造人也好，还是上帝造人也好，这些神话传说都并非出于偶然，而是人们很想了解和知道自己是怎么来的，却又不得其解，这才造出了"神创论"。

我的童年是在农村度过的。逮蝈蝈儿、掏蛐蛐儿、捉鸟儿、拍黄土盖房是我们那个时代儿童最普遍的游戏。每逢我玩后回家，母亲都要为我冲洗，有时一天两三遍。母亲边搓边唠叨："要不怎么说人是用土捏的呢！无论怎么搓，都能搓下泥来。"我6岁时到离我家不远的外祖

读书笔记

点评
"神创论"也是人们探寻自己来源的一种理解和认识，是没有科学解释前的猜想。

点评
作者小时候在生活中也经常能听到"泥造人"这一说法，可见这个传说真是家喻户晓啊！

---

① 诺亚方舟：亦作"挪亚方舟"。《旧约·创世记》中诺亚为避洪水，遵照神的旨意建造的长方形大船。

母家读私塾，也常听老师和外祖母这样说。可见"人是泥捏的"传说流传得多广、多深了。

何时出现的传说不得而知，想来在有文字之前就已经开始了。而与"神创论"唱反调的还得说是中国的学者。远在2000多年前，我国春秋时代的管仲[①]在《管子·水地篇》上说："水者何也？万物之本原也。诸生之宗室也。"意思是说：水是万物的根本，所有的生物都来自水。他的这句话说出了生命的起源。

战国时代的伟大诗人屈原在诗歌《天问》中，对自然现象、神话传说一口气提出了100多个问题，对女娲抟土造人也提出了质疑："女娲有体，孰制匠之？"意思是说：女娲氏既然也有身体，那又是谁造的呢？

最使人惊奇的是山东省微山县出土的东汉时期的"鱼、猿、人"的石刻画。原石横长1.86米，纵高0.85米（现藏于曲阜孔庙），作者不知是谁。在原石的左半部，从右向左并排着鱼、猿、人的刻像，让人看了之后，很自然地会想到"从鱼到人"的进化过程。

18世纪的法国博物学家乔治·比丰虽然也曾指出，

疑问

这一问引起了人们的思考，人类的起源究竟在哪里？

点评

古人的智慧有时真是让我们望尘莫及，他们在没有高科技的情况下，给人类留下了许多宝贵的文化财富。

---

① 管仲（？—公元前645年）：中国春秋时期齐国的政治家、思想家。名夷吾，字仲，谥敬，故又称管敬仲，颍上（今安徽省颍县）人，姬姓之后。在齐国任相40年，以"尊王攘夷"为号召，帮助桓公实行改革，对齐国称霸诸侯起了重要作用。管仲的哲学思想见于《管子》一书中。对于管仲的评价，中国学术界有不同的看法。一般认为管仲是中国早期法家思想的先驱。

生命首先诞生于海洋，以后才发展到了陆地；生物在环境条件的影响下会发生变化，器官在不同的使用程度上也会发生变化。但是并没有指出从鱼到人的演化关系。

指出从鱼到人的演化关系并发表名著的是美国古脊椎动物学家威廉·格雷戈里。1929 年他发表的《从鱼到人》，把人的面貌和构造与猿、猴等哺乳类、爬行类、两栖类动物相比较，把我们的面形一直追溯到鱼类。在当时，由于获得的材料有限，在推论演化过程中缺少的环节太多，有人嫌他的说法不充分，甚至指责他的某些看法是错误的。把从鱼演化到人的一枝一节都串联起来，谈何容易！你知道演化经过了多少时间吗？鱼类的出现，从地质时代的泥盆纪起，到现在已有 3.7 亿年了，这是多么漫长的时间啊！

能够说明演化的资料的来源，并非虚构的，而是来自地下。地层就是一部巨大的"书"，它包罗万象，有许多许多东西都是由地下取得的。就拿脊椎动物化石来说吧，其实也就是老百姓经常说的"龙骨"。它们绝大多数是哺乳动物的骨骼，由于在地下埋藏的时间较长，得以钙化。但是要成为化石，还要有一定的条件。首先，包括人在内的动物死亡后，能尽快地被埋藏起来，使其不暴露。然后，经过风吹雨淋，年代久之即可成为化石——我们所要

点评

有了古人的推想，有了现代科学的探寻、验证，人类的起源问题在一点点地清晰化。但要想真正找到答案，却是非常不容易的。

比喻

把地层比作一本巨大的书，说明了地层所承载的内容丰富至极。

研究的材料。

虽然许多人将脊椎动物的骨骼叫作"龙骨"，但从来也没人见过想象中的"龙"。我跑过除西藏之外的很多省份，也找不到"龙"的蛛丝马迹。所谓的"恐龙"，原意为蜥蜴之类巨大的爬行动物，原是日本学者用的译名，我们也就随之使用了。

除了化石的形成条件，还要能发现它们，直到把它们一点一点地发掘出来，这不是一件很容易的事，其中有很高的技术含量。从发掘到修理，使之完整地再现于人们的眼前，再加上翻制模型，都必须有很高超的技术。

日积月累

不得而知　顶天立地　包罗万象

佳句欣赏

万年之后，就形成了天高不可测、地厚不可量的世界，盘古氏也成了顶天立地的巨人，支撑着天与地。他死后化成了太阳、月亮、星星、山川、河流和草木。天地星辰、山川草木、虫鱼鸟兽出现了，只是世界上还没有人。

延伸思考

1. 我国流传最广的"神创论"是哪两个传说？

2. 提出与"神创论"相反的思想的是春秋时代的哪位学者？

3. 能够说明演化的资料来源于哪？

"北京人"头盖骨丢失之谜

？文前小问号

　　对于人类起源的认识，得来很不容易。许多科学家经过大量的研究得出人是从猿演化来的，这些结论是古生物学家从古人类化石的发现研究中获得的，而北京周口店龙骨山发现的"北京人"头盖骨对人类起源的科学研究具有极其重要的意义和价值，但是它丢失了，这是什么原因呢？现在找到了吗？

点评

　　已经是半个多世纪前的事了，却仍被人经常提起，说明这件事非同小可，意义重大啊！

　　有关"北京人"化石丢失之谜，很多的报纸杂志都有过报道。这件事本来与这本小书没有什么关系，可是已经过去半个多世纪了，仍经常有人问起，这说明很多人对"北京人"化石丢失这件事情始终不能忘怀。1998年，我与其他13名中国科学院院士一起签名呼吁"让我们继续寻找'北京人'"，北京电视台、中国科学院等单位还共同发起了"世纪末的寻找"活动。所以就此机会，我还想占点儿篇幅再向读者简单叙说一下"北京人"化石丢失的情况。

1937 年"七七事变"发生后，日本帝国主义全面侵华战争开始了，不久北平就被日军占领了。由于日美还没有开战，北平协和医学院仍在照常工作。当时所有在周口店发现的"北京人"化石、山顶洞人化石以及一些灵长类化石，其中还有 1 个非常完整的猕猴头骨，都保存在协和医学院 B 楼解剖科的保险柜里。因为步达生和后来接替他的魏敦瑞都在那里办公。

1941 年，日美关系越来越紧张，许多美国人及侨民纷纷离开中国。魏敦瑞也决定离开中国去美国纽约自然历史博物馆继续研究"北京人"化石。他走前曾嘱咐他的助手胡承志把所有的"北京人"化石的模型做好，先做新的，后做旧的，时间紧，越早动手越好。他还特别叮嘱胡承志，在适当的时候，把所有的化石装箱，运往安全的地方保管。

大约在珍珠港事件[①]前3个星期，魏敦瑞的女秘书希施伯格通知胡承志把化石装箱。胡承志在征得裴文中的

① 珍珠港事件：第二次世界大战中，日本海军机动部队于 1941 年 12 月 7 日对美国海军基地珍珠港实施的战略突袭。日本通过袭击珍珠港给美国太平洋舰队以重创，太平洋战争由此爆发。这次袭击最终将美国卷入第二次世界大战。

点评

对"北京人"化石的保护，相关研究人员是小心谨慎的。

点评

从"曾嘱咐""特别叮嘱"可以看出魏敦瑞对"北京人"化石的保管很细心；从做化石模型和装箱转运的安排，也看出当时研究人员对化石的安全考虑很周到。

动作描写

从这些动作，可以看出化石的装箱工作非常细致。大家一层又一层地把它们包好，足见对化石的重视。

同意后，找到解剖科技术员吉延卿一起装箱。

他俩装箱时非常仔细，先把化石用绵纸包好，再用卫生棉和纱布裹上，外边再包一层白软纸放入小木盒内，盒内也垫上卫生棉，然后分门别类装入两只没刷过漆的大木箱内，木箱与木盒、木盒与木盒之间还垫上了瓦楞纸。两只木箱一大一小，装好后，只在木箱上分别注上"A"和"B"的标记，随后送到协和医学院总务处长、美国人博文的办公室，后来箱子又由博文转运到了F楼4号保险库内。可是此后，"北京人"化石、山顶洞人化石及一些灵长类化石，其中还有1个极完整的猕猴头骨等却全部没有了下落。

点评

从考虑保管的人员到运送的辗转，可以看出"北京人"化石非常重要，它会被很多人觊觎，好好保管充满困难。

据说，珍珠港事件前，原打算把这两箱化石交给美国驻华大使詹森，托他找人带到美国交给当时中国驻美大使胡适保管，待战后再运回中国。美国大使詹森不敢接收，因为中美双方在成立"新生代研究室"时有协议："不能把所发现的人类化石运往国外。"后来还是当了国民党政府经济部长的翁文灏写了委托书，詹森才同意接收。装有化石的箱子被送往美国海军陆战队，又由美国海军陆战队运往秦皇岛，准备搭乘美国到秦皇岛接送海军陆战队和侨民的"哈里森总统"号轮船，运往美国。但"哈里森总统"号轮船在从马尼拉开往秦皇岛途中，正赶上太平洋战争爆发，这艘船被日本击沉于长江口外，

点评

"北京人"化石就这样神秘失踪了，真是令人叹息不已。

所以化石根本没有上船，负责携带这批化石的美国军医威廉·弗利在秦皇岛被日军俘虏，从此这批世界文化瑰宝就失踪了。

日军占领了协和医学院后，日本就派了东京帝国大学人类学家长谷部言人和高井冬二两位助教来协和医学院寻找"北京人"化石。当他们打开 B 楼解剖科的保险柜，看到里面装的全是化石模型，才知道"北京人"化石被转移了。日本宪兵队到处搜寻，很多人都受到了连累。协和医学院总务处长博文，甚至连推车送化石到 F 楼 4 号保险库的工人常文学都被抓进宪兵队进行审讯。解剖科的马文昭教授可算是"二进宫"了，一次是为"北京人"化石，一次是为孙中山先生的内脏。其实这两件事都与他无关。裴文中在家中也受到讯问，并暂时没收了他的居住证。在那个时期，没有居住证是不能离开北平的，连上街行走都会遇到麻烦。

"北京人"化石丢失后，当时各大报纸都纷纷报道这一消息。再一次震惊世界学术界。日本天皇知道这一消息后，命令日军总司令部负责追查化石的下落，日本军部又派了一名特务，专门到北平、天津、秦皇岛调查此事，但均无结果。从此传说纷纭，谣言四起。

日本投降后，中国国民党政府派代表团到日本寻找被日本侵略者掠去的文物，其中没有"北京人"化石的

点评

从日本宪兵对相关人员的层层审讯和拷问，可以看出我们的"北京人"化石对他们的重要性。

点评

"北京人"化石的丢失不仅是我国的损失，对世界考古研究也是不小的损失，这件事震惊了世界学术界。

语言描写

从侧面写出了"北京人"化石的珍贵和重要性。

语言描写

弗利给席望南大使的信给了人们寻找化石的希望，让人振奋不已。

标本。1946年5月24日，中国代表团的负责人、中央研究院院士、考古学家李济在给裴文中的信中说："弟在东京找'北京人'"前后约5次，结果还是没找到。但帝大所存之周口店石器与骨器已交出，由总部保管。弟离东京时，已将索取手续办理完毕。"1949年4月30日，中国政府代表团团长朱世明向盟军总部递交了一份备忘录，里面附有一份详细的丢失化石的清单，请盟军对这批重要的科学标本协助进一步查询，但仍是没有任何结果。

"北京人"化石的丢失，牵动着各界人士的心，好多人都自愿出钱出力，搜寻各种线索帮助寻找下落。但是绝大多数的线索没有任何价值。

1980年3月，我从瑞士驻华大使席望南处获悉，他认识当年准备携带"北京人"化石回美国的那位军医威廉·弗利博士。他非常愿意给弗利去信，就"北京人"化石丢失这件事叫弗利和我通信互相联系。弗利在给席望南大使的复信中说："请告诉贾兰坡教授，我对于寻找失落已久的标本仍然抱有希望。请他直接和我联系。"我很激动，因为珍珠港事件爆发后。弗利就成了日本人的俘虏。日本人后来一再声称他们并没把"北京人"化石弄到手，所以弗利就成了最后一个接触这批化石和掌握它们下落的线索的关键人物。而多少年来，很多人想

方设法来套取弗利有关这方面的"口供"，但是他对一些关键性的细节始终守口如瓶。于是，我给弗利写了第一封信，表示愿意更多地了解有关"北京人"化石下落的情况。

1980年6月15日，我接到了弗利5月27日从纽约的来信："你那令人激动的来信我收到了。通过我们共同的朋友瑞士大使席望南的介绍，最后处理标本的科学家终于在多年之后和一位曾经受委托安全运送标本的官员相识了。多年来，我一直希望有这么一天。我的目的之一，就是要在我有生之年看到'北京人'化石安全回归北京协和医学院。""我确信它们没有被遗弃，而是被安全细心地保护着以待适当的时候重见天日。"

见了这封信，大家都很激动。瑞士大使对此事非常热心，打算请弗利秋季来华，并为他办理来华的一切手续。无奈因我9月要出访日本，只好请弗利改期。而弗利以"贾先生推托，恐怕另有难言之隐"多次向美国华人、运通银行高级副总裁邱正爵表示，要他访华，除非由中国国家领导人发出邀请。但后来条件逐步降级，改为由"政府邀请""科学院邀请"，最后由邱正爵做工作，改为由我出面邀请。我对弗利的狂妄态度深感不安，认为他提出的要求太过分。1980年底，邱正爵访华并与我见了面。他还亲自到天津找到了弗利当年居住过的房子，

字词释义

守口如瓶：形容说话非常谨慎，严守秘密。

读书笔记

心理描写

弗利提出的要求十分过分，这令"我"感到不安，为后文埋下伏笔。

仔细察看了房子内的情况，发现房子基本上保持着弗利描述的样子。但邱正爵回国后向弗利追问化石是否曾藏在那间房里时，弗利不置可否。邱正爵对弗利的态度也大为不满。

我也曾看过弗利在《71/72 康奈尔大学医学院校友季刊》撰文介绍这段经历，他说化石不多，大概装在一打左右的玻璃瓶里时，我感到十分蹊跷，认为他见到的根本不是"北京人"化石。

他还说，他带着标本在秦皇岛等待登上美国轮船时，正赶上珍珠港事件，他被日军俘虏。因为他是医官，没有受到严格的检查，当把他们送往集中营时他还带着标本。他的说法疑点很多，当时不用说是个医官，就是再大的官也要接受检查呀！

我觉得弗利一点儿谱都没有，以后就跟他断了联系。

1980 年 9 月中旬到 10 月初，纽约自然历史博物馆名誉馆长夏皮罗偕女儿访华，他听一位美国朋友告诉他，"北京人"化石曾藏在天津的美国海军陆战队兵营大院 6 号楼地下室的木板层下。他到了天津，在天津博物馆的协助下，找到了兵营旧址，这里已成了天津卫生学校，而 6 号楼在 1976 年唐山大地震时倒塌，已经改成了操场。据学校的工作人员说，这些建筑物的地下室从未铺过木

板。夏皮罗虽然还带着1939年拍摄的兵营建筑照片，但早已面目全非了。

1996年初，一位日本人在临终前，告诉他的朋友，说二战时丢失的"北京人"化石埋在距北京城外东24米处，即日坛公园神道附近，在一棵松树上还做了记号。这位日本朋友辗转地告诉了中国政府。虽然中国专家不太相信，但还是对日本人提供的埋藏地点进行了技术探测。探测时发现有点儿异常，中国科学院一位副院长做出了"抓紧时间，严密组织，保障安全，快速解决"的决定。6月3日上午正式动土发掘，前后近3个小时，没有结果。探测异常可能是由于钙质结核层引起的。

北京电视台、中科院古脊椎动物及古人类研究所等单位发起的"世纪末的寻找"上了电视和报纸后，我又收到了很多提供线索的来信，但绝大多数的来信没有任何价值。日本的一家通讯社也来信说，他们听闻在北海道有些线索，准备派人前往调查，但后来也没任何信息。

"北京人"化石是国宝，也是属于世界的、全人类的，有很重要的科学价值。在我有生之年，我当然希望能再见到它们，这也是我们老一辈科学家的心愿。这正像我们14名院士做出的"让我们继续寻找'北京人'"的呼吁所说的那样："也许这次寻找仍然没有结局，但无

点评

"虽然……但"的转折说明中国专家不愿放弃一丝一毫的希望。

点评

这么珍贵的化石被我们中国人发现了，真是一件无比骄傲的事情。然而，这么重要而有意义的化石却丢失了，真是巨大的损失。

语言描写

这既是科学家们的呼吁，也是我们中国人的共同愿望。

论如何，它都会为后人留下珍贵的线索和历史资料。并且它还会是一次我们人类进行自我教育、自我觉悟的过程，因为我们要寻找的不仅仅是这些化石本身，更重要的是要寻找人类的良知，寻找我们对科学、进步和全人类和平的信念。"

我的笔记

佳句欣赏

也许这次寻找仍然没有结局，但无论如何，它都会为后人留下珍贵的线索和历史资料。并且它还会是一次我们人类进行自我教育、自我觉悟的过程，因为我们要寻找的不仅仅是这些化石本身，更重要的是要寻找人类的良知，寻找我们对科学、进步和全人类和平的信念。

延伸思考

1. "北京人"化石丢失前被保存在哪里？

2. 你知道"北京人"化石丢失的大概时间吗？

3. 1980年，"我"接到了谁的来信，觉得"北京人"化石寻找有希望了，结果找到了吗？

人类起源的演化过程

?文前小问号

人类是由猿进化而来的，在科学家们发现的那么多的古猿化石中，究竟哪类古猿是人和猿的共同的祖先？

周口店发现了"北京人"头盖骨之后，人们对人类起源的认识大为改观。过去反对人类起源于猿，说"人就是人，怎么能是从猿猴变来的呢"的那些人沉默了。在周口店不但发现了人的头盖骨，而且还发现了人工打制的工具——石器以及骨器、鹿角器、灰烬、烧石、烧骨等人为证据。我曾说过这样的话："'北京人'解放了其他国家所发现的早期人类化石。"

随着社会不断地前进，古人类学和旧石器考古学不断

📝 **点评**

从"大为改观"和"沉默"，可以看出人们对"人类是从猿演化而来的"这一观念的认可，足见"北京人"头盖骨发现的重要价值。

📝 **语言描写**

通过再次引用"我"说过的话，强调了"北京人"化石对人类研究的重要作用。

设问

用这种自问自答的方式让我们明确了接下来作者重点所要讲述的内容。

点评

6500万年前，可以上溯到如此遥远的时代，科学真是让人敬畏！

字词释义

后裔（yì）：指已经死去的人的子孙。

地发展和壮大，许多珍贵的人类化石和他们使用的石器在世界各地不断地被发现，古人类学基本上已经能够较完整地向人们展示人类演化的历史全过程。尽管我们对人类进化过程的认识仍存在很多缺环，有些问题还有很大的分歧和争议，但人类起源于猿再没有人反对了。

既然人是从猿进化来的，人猿同祖，那么，人、猿、猴的祖先又是什么样的呢？这就要先了解灵长类的起源。

最古老的灵长类，也就是人类及现代所有猿猴的共同祖先，可上溯到6500万年前的古新世。这种动物不像猴，倒像松鼠，是爱在地上乱窜、专门以昆虫为食的胆小哺乳动物。在古新世，地球上到处都是热带森林，在这大片的森林中有很多很多外形像老鼠的哺乳动物，像今天的田鼠、鼹鼠、豪猪等都是它们的近亲。可能树上的食物比地上的丰富，有一些像老鼠一样的早期哺乳动物开始爬上了树，以果实、昆虫、鸟蛋及幼鸟为食。今天仍有这种早期灵长类的后裔，人们称它们为"原猴"，其中包括狐猴和眼镜猴。这些原猴几千万年以来，体形骨骼几乎没什么变化，因为它们非常适应这样的生活环境。另外一些种类的原猴变化却很大，它们由于环境、气候或其他与之生存相关的动物的变化，可能影响到其物种的演变。这种变化大的原猴，由于树栖生活的缘故，它们的后肢变长，前爪渐渐失去了像鼠类那样的尖爪，变成了扁平

的指甲。以后它们出现了特有的神经系统，能控制肌肉运动。特别是立体视觉的产生，大幅度地转动脑袋，使它们能准确地判断距离。大脑不断地频繁处理从感觉器官传来的信息，并指挥四肢运动，所以大脑的进化和相对体积也都比其他动物大。到了3800万年前的始新世晚期至渐新世早期，至少已经有了较为高等的灵长类。

有一种叫"副猿"的灵长类，它们的颌骨和牙齿与现代原猴类相近，是现代的眼镜猴或狐猴的祖先；还有一种叫"原上新猿"，它们身体的大小和一些结构细节与长臂猿相近；再有一种叫"埃及猿"，它们的牙齿结构是典型的猿类，行动方式上也显示出了高等灵长类的特点。这类灵长类化石于1966年在埃及法尤姆大约3200万年前的渐新世地层中被发现，一些科学家认为很可能是人和猿的共同祖先。

在亚、非、欧三大洲距今2000万~1400万年前的中新世地层中，出土了许多被称为森林古猿①的化石。

 分类别

分类介绍三类发展较为高等的灵长类，让我们更清楚地了解它们的差别，同时也使说明更有条理。

列数字

通过这些具体的发现化石的时间，人们推断出森林古猿距今的时间，说明研究的准确性。

---

① 森林古猿：古猿化石。属名。以1856年在法国中新世地层中发现的三块下颌骨为依据，定名为森林古猿方氏种（Dryopithecus fontani）。由于在相同的地层中发现有橡树等植物化石，原定名者认为这类古猿生活在森林环境中，故命名。100多年来，森林古猿化石陆续在欧亚非地区有所发现，主要发现于欧洲中新世中晚期地层，距今1800万~1200万年。化石多为破碎的颌骨、牙齿。有人认为，森林古猿这类化石猿类包括现代大型猿类的祖先，也可能包括人类的祖先。

 读书笔记

作比较

将拉玛古猿的齿弓和其他猿类进行对比，让读者更能了解它的形状。

作比较

通过将西瓦古猿与拉玛古猿进行比较，侧面解释了西瓦古猿的模样。

1956 年，在我国云南省开远小龙潭的煤层中发现了一些牙齿，也被定为森林古猿。森林古猿的化石发现很多，且与黑猿较相似，但一些特征很像猴子。人们发现森林古猿的个体差异很大，有的很小，有的很大，有的在大小之间。一些科学家认为人类有可能是由某个地方的森林古猿种群演化来的。

1932 年，美国古人类学家路易斯在印度和巴基斯坦交界处的西瓦拉克山发现了一件中新世晚期的灵长类右上颌残片，将它称为拉玛古猿。它的齿弓不像其他猿类那样呈两侧缘，而几乎是平行的 U 形，显示出似人类的抛物线形。猿类有很长的犬齿，而人类的犬齿很小，拉玛古猿的犬齿也很小。拉玛古猿的生存年代估计在 1000 万~800 万年前。与拉玛古猿伴生在一起的还有另一种猿类化石，被称为"西瓦古猿"。它与拉玛古猿很相似，只不过拉玛古猿具有一些似人的性状。从 20 世纪 50 年代以来，一些专家把拉玛古猿看作人类演化中最古老的猿类祖先，曾被称为"尚不懂制造石器的人类的猿型祖先"。也有一些学者认为拉玛古猿和西瓦古猿是同一类古猿，只是性别的差异。而拉玛古猿与人无关，只是亚洲的褐猿的直系祖先。

到目前为止，究竟哪类古猿是人和猿的共同的祖先，众说纷纭，有待于新的材料的发现和更深入的研究。

1924 年，在南非（阿扎尼亚）的塔昂，采石工人发现了一具似人又似猿的残破头骨，经南非约翰内斯堡维特瓦特斯兰德大学解剖学教授利芒德·达特研究，认为这是一具 6 岁左右的幼儿的头骨，全套乳齿保存完整，臼齿的恒齿已开始长出，犬齿像人一样很小，并能直立行走。这具塔昂幼儿头骨可能代表了猿与人的中间环节，被定名为"非洲南猿"。1925 年，达特在英国《自然》杂志宣布了这一发现，声称找到了人类的远祖。但是，在当时，这一发现遭到了各方面的怀疑而被埋没了很多年。南非比勒陀利亚特兰斯瓦尔博物馆脊椎动物馆馆长罗伯特·布鲁姆认为达特的判断是对的，只不过没有足够的证据。经过他多年的不懈努力，终于找到了不少南猿的化石材料。这些南猿化石有两种类型，一种叫纤细型南猿，一种叫粗壮型南猿。而且南猿能直立行走，是早期人类的祖先。

在以后，非洲有很多地方发现过南猿化石。如南非的塔昂、斯特克方丹、克罗姆德莱、斯瓦特克兰斯、马卡潘斯盖等，东非坦桑尼亚的奥杜威峡谷、肯尼亚的图尔卡纳湖东岸、埃塞俄比亚的奥莫河谷等地区都有发现。亚洲南部也有可能找到他们的踪迹。

1974 年，在埃塞俄比亚的哈达地区找到了一具保存达 40% 的骨架遗骸。这是一个十分矮小纤细的南猿，被

点评

随着发现的增多和研究的深入，人们的认识会越来越清晰。

分类别

将我们不熟悉的南猿化石进行分类介绍，让读者能更准确地了解远古化石的类型。

举例子

举例介绍发现化石的具体地点，说明南猿化石在非洲较多，可见当时的南猿生活在这里。

读书笔记

点评

　　科学家们对科学的执着精神令人叹服和敬佩，正因为他们的不懈探寻，才会有真相的发现。

字词释义

　　分道扬镳(biāo)：分路而行。比喻目标不同，各走各的路或各干各的事。

称为"露西少女"。这是一种新的、更古老、更原始的南猿，被定名为"南猿阿尔法种"，经年代测定，他们生活在330万～280万年前。此后又掀起了寻找人类祖先的高潮。

　　肯尼亚内罗毕柯林顿纪念博物馆的馆长路易斯·利基夫妇及儿子、儿媳，多年来一直为寻找人类的远祖和石器的制造者默默地在东非工作着。1950年，老利基夫妇在东非坦桑尼亚奥杜威峡谷找到了一个头骨。这个头骨从外表上看很像粗壮南猿，臼齿很大，但仔细观察牙齿更像人的。利基将它定名为"东非人鲍氏种"。后来这具头骨归属南猿类的一个种，叫"南猿鲍氏种"。1959年，利基夫妇又在奥杜威找到了简单的、用鹅卵石制造的工具，被称为"奥杜威工具"。1960年，利基的儿子又在东非距发现东非人不远的地方发现了牙齿和骨片，这些比鲍氏种甚至比纤细型南猿更具有人的特点。利基将这具化石定为"能人"，认为这些"能人"是石器工具的制造者。这一看法被大多数学者所接受。

　　根据目前发现的化石材料看，学者们对人类的早期演化得出了大概的轮廓：

　　1.人与猿至少在500万年前就分道扬镳了。

　　2.400万～250万年前，远古人类在进化过程中，分成不同的几支，先进的与落后的同时存在。

3. 先进的一支继续向着直立人发展。落后的类型逐渐灭绝。

"能人"再进一步进化，就成了直立人，他们生活在 170 万～30 万年前。过去将他们称为"猿人"，比如"爪哇猿人""中国猿人"（也称"北京猿人"）"蓝田猿人"等。实际上，现在看来直立人的出现是人类在进化过程中的重要一环，他们会打制不同用途的石器，有用火的文明史，而且脑量已达 1000～1300 毫升；下肢与现代人十分相似，说明其直立姿态已很完善。所以我们现在将他们称之为人，如"北京人"、蓝田人、元谋人等。虽然把这一阶段的人在学术上称为直立人，但并不能说明南猿和"能人"不能直立行走。在人类起源整个过程中，人们最初对于直立人（猿人）的全面认识，主要来自"北京人"的发现及对其文化的研究。所以 1929年，裴文中在周口店发现的第一个"北京人"头盖骨在研究人类起源过程中占有重要的地位。

前面我们已经介绍了直立人发现的经过。直立人再进化就到了智人阶段，他们生活在 20 万～1 万年前，智人特别是晚期智人与现代人在体质上基本上没有多大的区别。

点评

能直立行走是人类进化过程中的重要阶段，是猿和人的重要区别之一。

点评

"北京人"头盖骨对人类进化的研究有极其重要的作用，因此它的消失无疑是巨大的损失，寻找它是作者乃至我们每个中国人的共同愿望和责任。

我的笔记

1. 人们发现的 3800 万年前的较为高等的灵长类有哪几种？

2. 1956 年，在我国云南省开远小龙潭的煤层中发现了什么古猿？

3. "能人"再进一步进化，就成了直立人，他们生活多少万年前？

人类诞生在地球历史上的位置

❓文前小问号

地球是个神奇的存在，它从什么时候开始有生命的？那么久远的历史，人们是怎样划分的呢？

人类进化的历史已经有几百万年了。但与地球的历史相比较，也只不过是很短很短的事。尽管早期的人类化石材料不断地被发现，人类的历史也越来越提前。根据我个人的观点，人类的历史已经有 400 万年了，但与地球的历史相比也只是一瞬间。

现在探索的结果是，地球的形成已有 45 亿~50 亿年了。根据地史学的研究和国际上的统一规定，整个地球的历史分为五个大的阶段，这五大阶段称作"代"：太古代、元古代、古生代、中生代、新生代。每个代再分

✐ 作比较

通过将人类的历史与地球的形成时间作对比，突出人类只是宇宙长河中的一瞬。

✐ 分类别

通过具体地将地球的历史分成五类，让我们更清楚地了解各个时代的远近。

读书笔记

_____

_____

_____

_____

_____

_____

点评

　　作者将离我们很远的元古代进行分类介绍。

点评

　　通过用具体的数字将古生代分为六个纪，让那些遥不可及的历史年代在我们头脑中形成初步的印象。

成若干个次一级的单位，叫作"纪"；每个纪再分成若干个再次一级的单位，叫作"世"。还有的国家和地区，把"世"又分成若干"期"。

　　太古代，地球形成之后，很长一段时间内是没有生命的，生命还处在化学进化阶段，这个年代距离我们今天太遥远了。

　　元古代，大约距今 17 亿年前，地壳发生了一次大的变动，生物界出现了一次大的飞跃，生命从化学进化阶段一跃而进入了生物进化阶段，有生命的物质开始出现。元古代又分成前震旦纪和震旦纪。元古代的早期叫作前震旦纪，晚期大约开始于 24 亿年前，结束于 5.7 亿年前，叫作震旦纪。

　　古生代，大约在距今 5.7 亿年前，地球的环境又发生了一次大的变动，促使生物界出现了一次空前的大飞跃，大量的古代生物开始出现在地球上。古生代分成了六个纪：寒武纪，始于 5.7 亿年前，结束于 5 亿年前；奥陶纪，始于 5 亿年前，结束于 4.4 亿年前；志留纪，始于 4.4 亿年前，结束于 4 亿年前；泥盆纪，始于 4 亿年前，结束于 3.5 亿年前；石炭纪，始于 3.5 亿年前，结束于 2.85 亿年前；二叠纪，始于 2.85 亿年前，结束于 2.3 亿年前。

　　中生代，大约在二叠纪末期，由于环境适宜，地球上的脊椎动物大量涌现，特别是爬行动物空前繁盛。各种"龙"特别多，水中有鱼龙，空中有翼龙，陆上有各种恐龙[①]，所以中生代又被称为"龙的时代"。中生代划分为三个纪：三叠纪，始于2.3亿年前，结束于1.95亿年前；侏罗纪，始于1.95亿年前，结束于1.35亿年前；白垩（è）纪，始于1.35亿年前，结束于6700万年前。

新生代，在中生代末期，地球的气候突然发生变化，也有人认为是彗星撞上了地球，植物大量毁灭，引起了生物界的连锁反应，以植物为生的动物大批大批灭绝，也给以食肉为生的动物带来了死亡的威胁。总之，在地球上称霸一时的各类恐龙大批灭绝，而在中生代出现的一支弱小的哺乳类动物，得到了生存和发展的机会，派生出很多支系，使地球上的生物出现了一个崭新的面貌，地球也进入了一个更加繁荣的新时代。新生代分两个纪：第三纪和第四纪。第三纪又划分为五个世：古新世、始新世、渐新世、中新世、上新世。第四纪分为两个世：更新世和全新世。

---

① 恐龙：生物史上最引人注目的已绝灭的爬行动物。它们在晚三叠世（或中三叠世）由假鳄类进化而来，至晚白垩世绝灭，在地球上生活了1.6亿年。在中生代恐龙成为最繁盛的动物之一，故此，中生代被称为"恐龙时代"。恐龙化石的研究可追溯到19世纪20年代。1842年R.欧文总结了前人对爬行动物化石的研究成果，创建了术语"恐龙"。

作诠释

写出了各种各样的龙，可见中生代爬行动物的繁盛。

点评

事物总是在变化中发展的，恐龙的灭绝给弱小的生物提供了生存的机会，地球又呈现出新的面貌。

作比较

具体形象地写出了地球历史的悠久，人类历史和它相比十分短小。

人类是在第四纪开始出现和进化的，比起地球的历史当然是一瞬间的事。有一位科学家打了一个通俗的比喻，如果把地球的历史比作一天的 24 小时，那么 1 秒相当于地球历史的 5 万年。按现今的发现，把人类的历史按 300 万年计算，人类的出现只相当于 24 小时的最后一分钟。

午夜零点	地球形成
5 时 45 分	生命起源
21 时 12 分	鱼类产生
22 时 45 分	哺乳类动物出现
23 时 37 分	灵长类出现
23 时 56 分	拉玛古猿出现
23 时 58 分	南方古猿出现
23 时 59 分	"能人"出现
午夜前 30 秒	直立人（猿人）出现
午夜前 5 秒	智人出现

点评

第四纪的时间是根据人们发现早期人类的时间来确定的。

第四纪开始的重要标志是人类的出现。由于古人类化石不断地被发现，而且人类化石的年代越来越早，所以第四纪起始的年代也越来越往前提。20 世纪二三十年代，在古人类学和考古学研究领域中，一般认为"北京人"是属于更新世早期的人类。第四纪起始年代定为距今约 60 万年前。随着爪哇人被承认为直立人阶段的古人

类，而且年代比"北京人"还要早，国际地质学会1948年在伦敦的会议上，把欧洲的维拉方期和中国的泥河湾期划归为更新世早期，"北京人"生活的时代为更新世中期，第四纪起始年代改为约100万年前。到了20世纪60年代，超过100万年的古人类化石又不断地有了新发现，第四纪起始年代又前推到了200万～150万年前。近十多年，非洲大陆不断地有更早的人类化石发现，第四纪起始年代又推到了300万年前。

我认为，根据目前的发现，必将在上新世距今400多万年前的地层中找到最早的人类遗骸和最早的工具。可以说（人）能制造工具的历史已有400多万年了。

1989年，在美国西雅图举行的"太平洋史前学术会议"上，我曾建议把地质年表中的最后阶段"新生代"一分为二，把上新世至现代划为"人生代"，把古新世至中新世划为新生代。我认为这样的划分比过去的划分更明确。

✒ **点评**

科技在发展，人类的认知也是在不断更新和变化的，并逐渐趋于准确。

✒ **读书笔记**

🔳 **佳句欣赏** 🔳

总之，在地球上称霸一时的各类恐龙大批灭绝，而在中生代出现的一支弱小的哺乳类动物，得到了生存和发展的机会，派生出很多支系，使地球上的生物出现了一个崭新的面貌，地球也进入了一个更加繁荣的新时代。

延伸思考

1. 地球的形成大约有多少年？

2. 有大量生物开始出现是在什么时代？

3 中生代地球上出现了什么？

21世纪古人类学者的三大课题

？文前小问号

人类是由猿进化而来的，这个论断毋庸置疑，但人类起源的时间是什么时候？人类起源的地点在哪里？人类在演化过程中的先进与落后的重叠现象又是怎样解决呢？

随着我国的改革开放和科教兴国战略的全面实施，在科学和文化领域必将呈现出一个崭新的面貌。有人称21世纪是中国在各方面全面发展的世纪。从20世纪初就在我国兴起的古人类学、旧石器考古学，到目前为止，对人类起源的时间、人类起源的地点、人类在演化过程中先进与落后的重叠现象这三大课题都还没有一个满意的答案，这将是这门学科在21世纪的主要研究课

点评

这里列举了21世纪古人类学研究的三大课题，既激发了读者的阅读兴趣，又引起下文。

点评

从欧洲到非洲再到亚洲，对于人类起源地点的认识是随着考古的发现而在不断变化着的。

点评

人类是在适应环境中慢慢进化而来的。

题，也是古人类学研究中最引人注目和最富有吸引力的课题。

人类起源的地点，最初有人认为是欧洲，因为欧洲研究古人类的历史较早，最早发现的古人类化石也在欧洲。随着古人类学的发展，古人类化石和文化的不断发现，"欧洲起源说"没人赞同了，就连欧洲的学者也承认人类起源地不在欧洲。后来非洲发现了古人类化石，有人把目光转向了非洲，说人类起源于非洲。当亚洲有了更多的古人类化石发现后，又有人认为亚洲是人类的发祥地。这个问题直到现在还在争论。

美国学者马修1911年在纽约科学院宣读了《气候与演化》的论文（1915年正式出版），论文中他支持1857年利迪提出的人类起源于"中亚"的论点。利迪认为，在中亚高原或附近地带出现了最早的人类。不过利迪的论点在当时没有得到人们的接受和重视。美国人类学家奥斯朋1923年提出：人类的老家或许在蒙古高原。他认为最初的祖先不可能是森林中人，也不会从河滨潮湿、多草木、多果实的地方崛起。只有高原地带环境最艰苦，人类在那里生活最艰难，因而受到的刺激最强烈，这反而更有益于演化，因为在这种环境中崛起的生物对外界的适应性最强。

我的观点是，人类起源于亚洲南部即巴基斯坦以东

及我国的西南广大地区。这是因为 1965 年在我国云南省元谋盆地发现了 170 万年前的元谋直立人牙齿，1975 年在云南省开远县[①]和禄丰县发现了古猿化石，这种最初定名为拉玛古猿的化石出土的褐煤层，距今有 800 万年的历史，处于中新世晚期到上新世早期。这种古猿最带有人的性质，被称为"尚不懂制造石器的人类的猿型祖先"。在元谋县班果盆地也有人型超科化石的发现。

1975 年，中国科学院古脊椎动物与古人类研究所的专家们，到喜马拉雅山脉中段和希夏邦马峰北坡海拔 4100～4500 米的古陆盆地考察，发现了时代为上新世（距今 500 万～200 万年前）的三趾马动物群。除三趾马外，还有鬣狗和大唇犀等。从三趾马的生态环境看，那里多是森林草原的喜暖动物。根据当地孢子的花粉分析，此地曾生长椎（zhuī）木、棕榈[②]、栎树、雪松、藜（lí）科和豆科植物，这些都属于亚热带植物。

1966—1968 年，中国科学院组织的珠穆朗玛峰综合

① 开远县：今云南省开远市。

② 棕榈：棕榈科（Palmae）植物在园艺上的统称。全世界棕榈科植物约有 220 余属、2700 余种，广泛分布于热带、亚热带地区，而以美洲和亚洲的热带地区为其分布中心。中国原产约 20 余属、70 多种，以云南、广西、广东、海南和台湾等省（自治区）为多，长江流域也有分布。棕榈类植物为常绿乔木、灌木或藤本。多直立单干，不分枝；并具坚挺大叶聚生干顶。叶掌状或羽状分裂，多具长柄，叶柄基部常扩大成一纤维状鞘。

点评

看来我们生活的土地在很早以前就一直有人类在生存啊！

点评

这些分析离不开科学家们的不懈探寻。

点评

概括了郭旭东先生对上新世末期的观点和看法，从中也可以看出，地球一直是在变化着的！

疑问

直接把问题提出来，引起我们的思考。

读书笔记

考察队，连续三年在那里进行考察和研究。郭旭东先生发表了论文，认为在上新世① 末期，希夏邦马峰地区的气候为温湿的亚热带气候，年平均温度为 10℃左右，年降水量 2000 毫升。喜马拉雅山在上新世时高度约海拔 1000 米，气候屏障作用不明显。这些条件都适合古人类的生存。我在 1978 年出版的《中国大陆上的远古居民》一书就这样表述过："由于上述的理由我赞成'亚洲'说，如果投票选举的话，我一定投'亚洲'的票，并在票面上还要注明'亚洲南部'字样。"

关于人类起源的时间也是大家最关心的问题。人是由猿进化来的，已经没有疑义了，那么人猿相区别是在什么时候呢？人是与猿刚一区别的时候就应该叫作人，还是从能制造工具的时候才算人呢？周口店"北京人"被发现之后，才知道人已有 50 万年的历史了。随着对"北京人"使用的工具——石器的深入研究，发现他们的加工很细，不但能选用石料，还能分出各种类型，这证明"北京人"因用途不同而会打制不同类型的石器。再有，在"北京人"遗址发现了灰烬，而且成堆，里边

① 上新世：新近纪最新的一个世，约始于 530 万年前，终于 260 万年前（或 180 万年前）。英国 C.莱伊尔命名了中新世和上新世。奥地利地质学家 M.赫奈斯把中新世和上新世归入他命名的新近纪，但其新近纪还包括现称的第四纪全部。现在国际和国内的地层表，皆认定中新世和上新世组成新近纪，这是法国地质学家 M.-I.-M.吉努划分方案的延续。

还有被烧烤过的石头和动物骨骼，这证明"北京人"不但已经懂得使用火，而且还会控制火。这些进步都不可能在很短的时间内取得，必须经过很长时间的实践和总结。因而我和王建先生提出了"北京人"不是最原始的人的论点，并发表了《泥河湾期的地层才是最早人类的脚踏地》的短论，引发了长达四年之久的公开争论。随后发现了元谋人、蓝田人化石，西侯度、东谷坨、小长梁等地的石器。经研究证明，它们都比"北京人"早得多，距今已有 180 万～100 万年的历史。就文化遗物——石器而言，目前发现的石器都有一定的类型和打制技术，当然不能代表最原始的技术，但目前谁也不能肯定地说出最原始的石器是什么样。现在又有了最新进展，在四川省巫山县的龙骨坡发现了 200 万年前的石器，在安徽省繁昌地区也发现了 240 万～200 万年前的石器。

我在 1990 年发表的《人类的历史越来越延长》一文中说过："……（人）能制造工具的历史已有 400 多万年了。"说来也巧，这篇文章发表不久，美国人类学家就在非洲发现了 400 多万年前的人类化石。

人类在演化过程中的重叠现象是非常复杂而又十分棘手的问题。人在演化过程中并不是呈直线上升的，而是原始与进步同时并存的，我把它叫作"重叠现象"。这种现象最为显著的表现是，辽宁省营口发

点评
课题的争论就是科学的争论，是真理的争论。

点评
推想得到认证是多么令人兴奋的事，事实就是在不断的猜测与推想中慢慢得以证实的。

下定义
用下定义的说明方法告诉我们什么是重叠现象。

举例子

通过举例说明什么是重叠现象，让我们对远古人类的重叠现象有了更深刻的认识。

现的金牛山人和周口店发现的"北京人"相比，金牛山人比"北京人"要进步得多，属早期智人。而"北京人"生活的年代是 70 万～20 万年前，在这段时期内，"北京人"的体质变化不大，这就说明先进的金牛山人出现的时候，落后的"北京人"的遗老遗少们仍然生存于世。他们之间可能见过面，也可能为了生存彼此之间还打过架。这种重叠现象，并非仅在中国存在。

重叠现象不仅存在于人类演化的过程中，他们遗留下来的石器也屡见不鲜。过去我在华北工作的时间较长，把华北的旧石器文化划分为两个系统，这是按照石器的大小和使用的不同划分的。在广大的国土上是否有其他系统和类型？答案是肯定的。因为人类有分布，文化有交流和交叉。

设问

用这种自问自答的方式让问题显得更突出，同时也能让我们知道答案很明确。

在河北省阳原县小长梁发现的细小石器，制作精良，最小的还不到 1 克重。这些石器能与欧洲 10 万年前的石器媲美。1994 年中国科学院地球物理研究所专家用先进的超导磁力仪测定，小长梁遗址距今为 167 万年。虽然这为我提出来的"细石器起源于华北"增加了证据，但石器之小，打制技术之好，年代之久远，都出人意料。到底是什么人打制的呢？这仍是令人百思不得其解的问题。

点评

虽然"我"的观点有了新的证据，但有许多问题仍旧令人不解，给人留下了悬念。

综上所述的三大问题，是 21 世纪古人类学者和旧石器考古学者面临的重大课题。这些问题不是外国人说什么就是什么，也不是一两个"权威"就能说了算数的，这是全世界这门学科的学者所面临的共同课题。既然如此，就应该展开国际合作，特别是培养更多的年轻人加入到这门学科队伍中来，他们思想开放，更容易掌握先进技术和方法。要解决这三大课题，古人类学者和旧石器考古学者任重而道远。

日积月累

屡见不鲜　百思不得其解

佳句欣赏

随着我国的改革开放和科教兴国战略的全面实施，在科学和文化领域必将呈现出一个崭新的面貌。

延伸思考

1. 人类学者的三大课题是什么？

2. 作者认为人类起源于哪里？

3. 美国人类学家在非洲发现了多少万年前的人类化石？

 点评

面对这三个问题，我们不能盲目信任权威，而是要展开研究，用事实说话。

 **我的笔记**

我的童年

？文前小问号

　　我们对贾兰坡和他所从事的工作有了一定的了解后，是不是也想知道他的成长经历呢？让我们走进他的童年，看看在那个艰苦的年代，他的童年是怎样度过的。

　　1908 年 11 月 25 日，我出生在河北玉田县城北约 7 千米的小村庄——邢家坞。这个不足 200 户的小村子，北临山丘，南望一片平原，土地贫瘠，村民的生活比较贫困。

环境描写

简单明了地介绍了自己家乡的状况。

　　据坟地碑文记载，我们贾家原籍是河南省孟县①朱家庄，在明代初期才迁移到邢家坞。

　　听老一辈人说，我的曾祖有兄弟二人，大曾祖父没

———————————
①　孟县：今河南省孟州市。

有儿子，按我们家乡当时的规矩，需要把我二曾祖父的长子，即我的大祖父过继给大曾祖父。我的二祖父也没儿子，又从我三祖父一门中把我的父亲过继给二祖父。由于生活困难，在我很小的时候，我的父亲就只身到北京谋生。

我们村里有个叫宋竹君的，据说他是燕京大学的前身——汇文大学（后改为汇文中学）毕业，在北京英美烟草公司任高级职员。经他介绍，我父亲也进了英美烟草公司。父亲本名贾连弟，号荣斋。他的工作部门叫"调换处"，实际上是做一种广告性质的工作。人们只要能集到一定数量英美烟草公司出品的香烟空纸盒或烟盒内的画片，就可以到调换处换取挂历、成套茶具及小玩意儿等物品。

由于工作日渐起色，人来人往日渐增多，人们都习惯称父亲为荣斋，而他的本名反而没人叫了。当时父亲每月薪水18元，他自己省吃俭用，每月只花8元，其余10元就托人捎回老家，家中的日子自然好多了。

我家村后的东山上有两个山洞，一大一小，我常常跟着其他小孩到小洞里玩。大洞深不可测，我们从不敢进去。有时我们用石头打成圆球，从山上往下滚着玩。想不到这在以后的工作中，对发现石球的打制过程和用途还有着很大的帮助。

读书笔记

点评
父亲的勤恳无形中会给作者一定的影响，可见家风很重要。

点评
童年的很多经历都是日后宝贵的财富。

在村北的小山下，还有一条南北向细长的水坑，这也是我们孩子常常光顾的地方。我们就在坑里洗澡、打水仗。我还常常到地里逮蝈蝈儿、捉蜻蜓和小鸟。鸟类中，我们最喜爱"红靛颏"或"蓝靛颏"，凡是我们网着的鸟，除了这两种，其余统统放生。当然我们小孩之间，也常常为逮鸟打架，母亲看见了也只是拉开了就完事，最多打几下屁股。但她不许我骂人，骂人准挨一顿掸把子。

动作描写

写出了"我"轻松愉快、丰富有趣的童年生活。

我外祖母家在门庄子，位于邢家坞村和玉田县城之间，地处平原，风光秀丽，也是个不足 200 户的小村子。外祖母住在村前街的西头路北，家中有五间北房。东侧有条路通往后街，小路东边有个数十米长、直通南北街的大水坑，水坑东西宽有三四十米。前街路南有一块菜园，冬季多种大白菜，夏天除种各种蔬菜外，还种甜瓜、西瓜等。外祖母家我也非常爱去，除了有水坑可以游泳外，更因为那块很大的菜园子，里面有很多好吃的瓜果和蔬菜，比邢家坞的菜多了很多。何况还有一个比我大 13 岁的表兄，他常带我去水坑里摸鱼和捉螃蟹，又好玩又能解馋。

环境描写

作者用了大段的文字写外祖母家的环境，说明外祖母家在"我"童年的记忆里印象深刻。

大约到了 7 岁，我在外祖母家开始上学了。当地没有学校，读的是私塾。所谓私塾，就是在老师家上课。老师教几个学生，屋里没有课桌，只有个方桌，炕上放

个炕桌而已。教的是《三字经》《百家姓》《千字文》。我还记得，老师叫谷显荣。每天进老师家中第一件事，就是向孔子牌位行作揖礼，然后各就各位，背书或描红模子。学完了三本小书，又学了半本《论语》，谷老师因病去世了。我又到邻村跟一位叫"李小辫子"的老师学。当时已是民国，但他还是清朝打扮，留着辫子，所以当地人都叫他"李小辫子"，而不知他的大名。他对学生管得很严，背书背不下来或背错了，都要挨揎把子。他给我们讲的课文，我们听了虽然有时似懂非懂，但因怕挨打，背得都很熟。所以到现在什么"一去二三里，烟村四五家，亭台六七座，八九十枝花""松下问童子，言师采药去，只在此山中，云深不知处"，仍然记得清清楚楚。

大约到了8岁，"四书"读完，又读了点儿《诗经》，我的外祖母也去世了。此时邢家坞也有了私塾，我又返回自己的家继续读书。

应该说，我识字的启蒙老师是我的母亲。我的母亲戴明，虽未上过学，但聪明而知晓大义。村里有个叫王雍的老头儿，识字最多，看的小说也多。每到夏天，大家在一起乘凉，都会叫王雍讲故事。母亲常把听来的故事再讲给我听，都是一些"岳母刺字""精忠报国"之类的，母亲一边讲一边教导我要学做好人，不要做坏事。

读书笔记

过渡段
总结了"我"在外祖母家的读书情况，同时也引起了下文。

点评
父母是孩子的第一任老师，作者的母亲对他的影响很大。

后来母亲对小说也着了迷，就借来看，不认识的字和不懂的地方就请教王雍，天长日久，也认识了很多字，就是不会写。到后来，她连不带标点的木版印刷的小说也能看得懂。

父亲在北京做事，家里有了活钱，生活条件自然好多了。母亲要求我穿戴不能与其他孩子有区别，我只比别的孩子多件内褂和内裤，外表仍是粗布衣裤。别人家的孩子在玩的时候都背着扒篓，边玩边拾柴，母亲也叫我背一个，不要求拾多少柴，就是不能比别人家的小孩有特殊感。这对我影响很大，以至于后来，我对待他人，不管职位高低，都能一视同仁，这不能不说是母亲当年教育的结果。

虽然父亲每月捎钱来，但家里平时仍是早饭玉米粥加咸菜，午饭和晚饭是玉米面贴饼子加上一锅菜，有时是小米饭。当然过节和有客人来就不一样了。有时为了给祖父下酒，母亲炒个菜，祖父总想叫我一起吃，母亲反对说："小孩子家，吃喝时间长着呢！不在这一口两口。"过年时，客人给的压岁钱，都得如数上交，母亲又说："孩子花惯了钱对他一点儿好处也没有。"但过年的新衣、新鞋母亲总是早早就做好了，当然还有灯笼、鞭炮之类的玩意儿。所以过年是小孩子最盼望的了。

我的童年是在农村度过的。虽然家境不是很宽裕，

点评

身教重于言教，让"我"明白了怎样待人处事。

点评

字里行间充满了作者对母亲的敬爱。

但童年的生活非常愉快，无忧无虑。至今我还常常回忆起那时的情景。

日积月累

风光秀丽　精忠报国　一视同仁　无忧无虑

佳句欣赏

我还常常到地里逮蝈蝈儿、捉蜻蜓和小鸟。鸟类中，我们最喜爱"红靛颏"或"蓝靛颏"，凡是我们网着的鸟，除了这两种，其余统统放生。当然我们小孩之间，也常常为逮鸟打架，母亲看见了只是拉开了就完事，最多打几下屁股。但她不许我骂人，骂人准挨一顿掸把子。

延伸思考

1. "我"是哪一年，在哪出生的？

2. "我"大约到了七岁，在哪开始上学读私塾了？

3. "我"的童年是在哪里度过的？

考上练习生

文前小问号

　　求学生涯结束后，仅仅高中毕业、没有系统地学过考古学方面知识的"我"是怎样进入考古这一科学研究领域的呢？

　　母亲回到老家后，祖父、祖母相继过世。这时我正在汇文读高小。北京4个区的英美烟草公司的买办① 王兰

---

① 　买办：受雇于外商并协助其在中国进行贸易活动的中间人和经理人。鸦片战争前，在广州经理对外贸易的公行中就已设置买办为外商服务。当时的买办大致分为两类：一类是专为停泊在黄埔、澳门水域的外商船只采买物料及食品的商船买办；一类是在外商商馆中代外商管理总务及现金的商馆买办。买办一职，中国人不得随便充当，外商亦不能任意选雇，受到封建政府的严格控制。为打破这一限制，1844年中美《望厦条约》即曾规定，雇觅跟随买办及延请通事等项，由外商与中国人自行协议，中国地方官不得干预。买办的身分与性质从此完全听从外商主东的决定。

（字者香）在骡马市一带建了一家独营店。我父亲又回到了英美烟草公司（后改为颐中烟草公司），职务为"段长"，比在调换处高了一等。工作是了解市面上纸烟销售情况，招揽广告生意，每月的收入达到了四五十元。此时我父亲在崇文门外南五老胡同也租了房子，因为没人照顾，就把母亲从老家接了来。我当然也不用住校了，回家来住不但能吃得好，也能省几个钱。

父亲的收入虽然增加了，但应酬也多了起来，每月收入所剩无几。我读到高中毕业，父亲没钱供我上大学了。此时我正当21岁，由父母做主结了婚。妻子叫王栖桐，与我同岁，是玉田县青庄坞人。她人品好，为人热诚。由于在农村长大，没机会学习文化，虽然很聪慧，但底子差，读书很吃力，她对读书越来越没有兴趣了。但她一生中担负起了照顾公婆和子女的重担。

我在北京上学，学到了很多知识，开阔了眼界。当时，几位大文学家提倡白话文，虽然有不少人反对，但毕竟白话文逐渐占了上风。同时，新的思想也开始冲击旧的封建思想。旧式的婚姻，我是反对的。我和妻子之间没有感情基础，再者我还没有工作，不曾立业，结婚生儿育女就会加重父亲的负担，所以我极力反对这门婚事。但母亲为此哭过几次，最后我也只好投降。

婚后一年多，我的大女儿出生了。家里添了人口，

点评
生活逐渐好转，一家人可以团聚在一起了。

点评
介绍了自己的妻子，寥寥数语，展现了她的淳朴、勤劳。

虽然大家都很高兴，但我心里更加着急，总为自己不能挣钱养家心中有愧。

我的一位中学同学曾要我跟他一起到外地报考邮政局的工作。我思想上有点儿活动，但母亲听说后，坚决反对，我只好作罢。怎么办呢？这时我只想多学点知识，等待出路。于是，从1930年起我经常去图书馆看书。

点评

"我"是一个有想法、有上进心的人，希望有所作为。

北京图书馆内无偿地供给白开水，有时我带着馒头夹咸菜，一去就是一天。开始看书没什么规律，逮住什么看什么，后来对《科学》《旅行杂志》等有关自然科学方面的杂志和书籍越来越感兴趣。我不但看，还把感兴趣的地方抄录下来。有时也到旧书摊去浏览，看到便宜的书也会买回来。我对所看过的书都认真做了笔记，不知不觉，一年过来也学到了很多东西。

点评

写出了"我"认真阅读、努力汲取知识的样子。

玉田县狼虎庄有位名高焕、字灿章的人，是我的一个表弟。他经常来北京，每次来都住在我家里，几乎成了我家的一员。我的孩子也很喜欢他，因为他一来京，就常带孩子们出去玩。崇文门瓮圈的内侧有一家恒兴缸店，是他经常光顾的地方，因为他在这家缸店有股份。恒兴缸店的掌柜姓裴，就是1929年12月发现第一个"北京人"头盖骨而闻名于世的裴文中（1904—1982）先生的侄子。虽然裴掌柜辈分小，但岁数不小，比裴文中年岁大得多。裴文中先生也常去缸店串门，和我的表弟时常

见面，彼此很熟。

1931 年春，他们在缸店又见面了。他们一边喝茶，一边聊天，闲谈中，我的表弟提到我闲在家里没事可做，只闷头读书。裴文中一听，说中国地质调查所正在招考练习生，不妨叫他去试试。高焕回来一说，我们全家都很高兴，因为这样不但有了工作，还可以不出北京。

我风风火火地跑到了西四兵马司 9 号的中国地质调查所报了名。考试那天，主考是地质陈列馆的负责人徐光熙先生。不承想我在家中自学的知识竟派上了用场，我以优异的成绩被录取了。

上班后，我被分配到新生代研究室做练习生。和我同时来到新生代研究室的还有一位青年——卞美年先生，他长我半年，是燕京大学的毕业生，学的是地质和生物。他是由他的老师——英国地貌学家、燕京大学教授巴尔博（B.Barbaur）介绍来的。他是练习员，我是练习生；他是大学毕业，我是高中毕业。他学历和职称都比我高，但他为人厚道，平易近人，我们很快就熟识了。在以后的工作中，他处处帮助我、指导我。至今我俩还是非常要好的朋友。

当时新生代研究室有两处工作地点：一处在西四兵马司 9 号，一处在东单北大街路西的北平协和医学院娄公楼 106 室和 108 室。106 室是裴文中先生的办公室，

读书笔记

108 室除杨钟健先生外，还有十几名工人在修理化石。上班那天，我俩先见了杨钟健和裴文中两位先生。他们言谈很和善，没有什么架子，使我们紧张的心情松快了许多。

上班初期，我们没有一下子进入工作，因为杨钟健叫我俩先和大家彼此认识，熟悉一下工作环境。每天上午杨、裴都要到西四兵马司去。

一天，我和卞美年正在娄公楼 108 室聊天，卞美年给我讲古代生物化石的知识。这时，走进来一位身材矮小、身着长袍的人，他在屋内转了一圈就走了。我俩不认识他，也没有跟他打招呼。

第二天，杨钟健见到我们，说那是所长翁文灏（1889—1971），他叫我们俩明天上午去见他。我和卞美年心里一惊，感到对所长失了礼，心里直打鼓。

心理描写
写出了"我"和卞美年因为失礼而紧张不安的心情。

第二天上午，我俩按时来到了西四兵马司 9 号的中国地质调查所，杨钟健已在那里等候我们。杨钟健是新生代研究室的副主任，是我俩的领导。他把我俩领到二楼东南角翁所长办公室的门前，先带着卞去见所长，让我在门外等候。我心里就像十五只吊桶打水——七上八下，怎么也控制不住。没多久，卞美年出来了。由于翁所长上午有事，改在下午召见我。我问卞美年："所长跟你说了些什么？""他就问我学什么的，认不认识角砾

心理描写
生动形象地写出了自己紧张、忐忑的心情。

岩。我说认识，我是学地质的。他又问了一些地质学上的问题，我都回答了。别的没再问什么。""有否提到前天上午在办公室我们为什么没理他吗？""没有，他说地质调查所添丁加口是好事，所以他要接见我们。"下午，翁所长召见了我。见面时，我仍然很紧张。翁先生先问了我家里的情况，我一一如实回答了。最后他问："这种工作很苦很累，你为什么要干这个呢？"我不假思索地说："为了吃饭。"翁所长听后，忽然大笑了起来："说实话好，好好干吧！"召见很快就结束了。谈话虽然很短，不承想，翁的一笑，决定了我的终生。

第二天，裴文中通知我们回家准备好自己的行李。两天后，卞美年和我还有王存义先生就随裴文中去了周口店。我的工作也正式开始了，那就是协助裴文中在周口店搞发掘。

语言描写

通过对话可以看出"我"仍在担心下午的谈话。同时，也可以看出所长的知人善用。

点评

与翁所长的谈话决定了"我"今后的人生道路，"我"开始接触到周口店的发掘工作。

日积月累

不知不觉　闻名于世　平易近人　风风火火　不假思索

佳句欣赏

他把我俩领到二楼东南角翁所长办公室的门前，先带着卞去见所长，让我在门外等候。我心里就像

我的笔记

十五只吊桶打水——七上八下，怎么也控制不住。

延伸思考

1.1930 年起，"我"经常去哪里？

2. 是谁建议"我"去中国地质调查所考练习生的？

3. 上班后，"我"被分到哪里做练习生？

初到周口店

？文前小问号

"我"是和谁一起来到周口店的,我们住在哪,从哪里进行发掘的,"我"都学到了哪些知识呢?

周口店虽然离北京城只有 50 千米,但当时交通极为不便。从前门西火车站乘火车到琉璃河下车,再等候开往周口店的"山车"。所谓山车就是周口店往外运煤或石头的火车,其开行时间不一定,时有时无。如果一天等不来,还要在琉璃河车站附近的小店住上一夜,第二天再等。

那天,我们几个人乘火车到琉璃河,下车吃了顿饭,后每人改乘一头毛驴,晚上八九点钟才到达周口店的办公地点"刘珍店",真是起个大早赶个晚集。

✎ **点评**

当时的交通是多么不便利啊,但是就在这样的条件下,考古学家们仍然发现了令世界瞩目的"北京人"化石,这是多么了不起的贡献啊!

读书笔记

环境描写

刘珍店的环境并不好，甚至可以说是很简陋，但就是这样的条件还是靠租赁才得来的，可见当时搞研究的很辛苦！

点评

这时的我们都是新手，什么都不懂。通过后来我们取得的成就可以看出，成功是靠不懈的努力才能获得的。

从前，在周口店进行发掘的人都住在周口店村北的一座小庙里，如瑞典地质学家和古哺乳动物学家安特生（J. G. Andersson，1874—1960）、步林（A. B. Bohlin，1898-？）和中国地质学家李捷（1894—1977）等。大概是 1928 年杨钟健和裴文中参加这一工作后，感到小庙地方太狭窄，又时常有客人来参观，无处可住，于是裴文中以每月 14 块银圆的价格向一位名叫刘珍的当地老乡租赁了一处骆驼店，用于居住和办公，这就是我们称为"刘珍店"的地方。

刘珍店的房子很破旧，北房三间较大一点儿，东西有厢房四间，北房的东间是给客人们用的，东西厢房为技工住房和放置标本用。床就是行军床，三下五除二就支好了，放上被褥就能睡觉。

第二天我们就准备发掘的工具和其他各项工作。一切就绪，只等开工。三天后，新生代研究室的领导们来到了周口店。他们是名誉主任、加拿大古人类学家、北平（1928 年北京改称北平）协和医学院解剖科主任步达生（Davidson Black，1884—1934）；顾问、法国神父、古脊椎动物学家德日进（Pierre Teilhard de Chardin）和副主任、中国古脊椎动物学家杨钟健。他们是来商量发掘的地点和任务的。我和卞美年初来乍到，什么也不懂，只好听着。

他们商量来商量去，决定发掘鸽子堂内的堆积——含脉石英1层和脉石英2层。

周口店火车站以西有两座东西并列的小山。东边的一座叫"龙骨山"，西边的山较大，但没有洞穴，后来这里成为杨钟健、裴文中、尹赞勋先生的墓地。南北方向有个裂隙堆积，在其中的红色土中发现了哺乳动物化石，我们将此地编号为第2地点。龙骨山三面为群山所围，向东南望去，豁然开朗，是一望无际的河北大平原。我们所要发掘的鸽子堂位于龙骨山的东北角，是个山洞，因里边栖息着许多野生鸽子而得名。

鸽子堂内的堆积主要有两层，上面的叫石英1层（也称Q1），下面的叫石英2层（也称Q2）。这两层土很松软，挖掘起来很容易，虽然很潮湿，但不粘手。用铁铲和铁钩小心翼翼地挖，得到的化石很多。Q1和Q2靠近北洞壁处，灰烬层很厚，往南和往东比较薄。裴先生告诉我们，灰烬层是灰黑色的，层内有很多用脉石英和砾石人工打制的石器，还有被烧裂开的骨块和石块，它们都很重要。

由于发掘很容易，得到的材料也多，每天能装满几大筐抬回办公室。晚饭后，王存义和技工柴凤歧等用鬃刷将化石刷洗干净，再分门别类地收起来。为了多学点东西，我也加入了刷洗标本的行列，当然这是出于

✎ 环境描写
写出了龙骨山的地形和地势。

✎ 点评
从"发掘""装满""抬""刷"这些动作可以看出，每天工作量很大，同时收获也很多，这让"我"感到很兴奋。

读书笔记

_____

_____

_____

_____

_____

 点评

　　根据化石能判断出化石的历史时期和制作方法，这让"我"很震惊，也认识到了发掘工作的意义。

 点评

　　写出了"我"对挖掘工作越来越有兴趣，学到的知识也越来越多。

自愿。

　　裴先生一再告诉我们，灰烬层和在灰烬中发现的石器很重要。经过中国地质调查所化验和德日进拿到法国化验，灰烬层确确实实是灰烬。灰烬层中发现的裂开的石块和骨块也是燃烧的结果。石块和骨块经过火烧可以开裂我相信，但有些石块愣说是人工打裂的石器，我就蒙头蒙脑了。在刷洗这些石器时，我对它们格外注意。特别是1931年法国人步日耶（H.Breuil，1877—1961）来华以后，我更认识到发掘工作的意义。

　　1931年，巴黎人类学古生物学研究所高级职员、法兰西大学史前学教授步日耶来华观看了周口店发掘出来的标本，他不仅完全承认所发现的石块是古时人工打制的，还认为其中的许多鹿角和碎骨有的也是经过人工打制的骨器，这些都是四五十万年前人类的遗迹。我听说后很吃惊。

　　练习生的地位在研究部门里是最低的，但仍属"先生"行列，能和各级领导同桌吃饭。除了这些，受苦受累的活都是我的事：买发掘用的物品；与来访的学者到各处看地质；他们采下的标本，装在背包里，叫我背着；我还要和工人们一起挖掘化石。

　　对于发掘，我最有兴趣。开始时我什么都不懂，挖出了化石就向工人们请教。他们会告诉我：这是羊的，这是猪的，那块是鹿的。认识的化石越多，就越觉得发掘工作有意思。跟着专家学者在山上到处跑，查看地质，累是累，但时间一长，从他们那里也学到了很多地质方面的知识。

特别是卞美年，他一有闲暇，就带着我在龙骨山周围看地质，不但给我讲解地质构造和地层，还教我如何绘制剖面图。他待我非常友好，我对他也非常尊敬，我们成了挚友。现在他虽在美国定居，但是我们还经常通信。我到美国访问，第一件事就是去看望他，我总是把他看作启蒙老师。裴文中对于我和卞美年不懂的地方，也耐心赐教，从不摆架子。我不但敬佩他，也越来越喜欢向他请教。我从他那里也学到了很多的东西。

那时，我每月的工资是 25 元，后来地质调查所发现错了，每月应为 26 元，又给补加了 1 元。后来，干得好的、工资在 50 元以下的每月可增加 5 元；50 元以上的，每月可增加 10 元。能挣到 26 元，对我这个刚参加工作不久的青年来说，已经很知足了，何况干得好还有加薪的希望，加之我对发掘工作已产生了浓厚的兴趣，认为能从中学到很多东西，所以我每天都是乐呵呵的，从不叫苦叫累。

杨钟健看我每天从早忙到晚，没有一点儿怨言，就对我说："搞学问就像滚雪球，越滚越大。"这句话我

点评

写出了"我"对裴文中先生的敬佩和感激之情。

语言描写

从语言中看出杨钟健对"我"的期望和肯定。

一直铭记在心。只是后来我根据自己多年的体会，又在后面加上了一句"不滚就化"。在周口店工作的时间长了，才知道裴文中在周口店工作的成绩和贡献非常之大。1929 年 12 月 2 日，他发现了第一个"北京人"头盖骨，这不用说，周口店这块山场，包括整个龙骨山和它以西的小山的多一半，就是经裴文中之手，从当地的鸿丰灰煤厂买下来的。原来鸿丰灰煤厂在这里开采石灰岩烧石灰，由于遇到了很多洞穴，洞穴里又有沙土的杂乱堆积，赔了钱而关闭。1927—1928 年，李捷和步林到这里挖掘，是向鸿丰煤厂租赁的。裴文中后来花了 4500 元把它买了下来，这不但有利于发掘，鸿丰灰煤厂也把损失补了回来，当然这是两厢情愿。

再有，周口店的发掘工作越来越扩大。1931 年下半年，在裴文中的筹划下，我们花 4900 元在山上盖了一所北京式的房屋。这是所三合院的房子，大门朝东，有个门楼，北房三间，西房三大间，南房三间，另外在后院盖了五间，作为技工住房和厨房之用。行军床也换成了铁床。裴文中先生为大家改善了居住条件，人人都非常满意。这与到处跑耗子的刘珍店相比，像进了天堂一样。我还清楚地记得，搬入新房之后，裴文中住在北房的里间，外面两间是相通的，由卞美年住。西房为宽大的正房，我住在里间，外间也是相通的，作为吃饭和接待来

访客人的客厅。周口店的发掘工作，每年只在春秋两季进行。因为夏天雨水多，发掘现场泥泞不堪，难以维护；冬季地层被冻得很坚硬，发掘时会损坏化石。所以夏冬两季我们回到北京，进行标本的整理和修复工作。

延伸思考

1.1928 年后，杨钟健和裴文中在周口店居住地办公的地方叫什么？

2."我"来到周口店的第二天，哪些人前来商量发掘的地点和任务？

3.我们最先挖掘的是龙骨山东北角的哪里？

佳句欣赏

杨钟健看我每天从早忙到晚，没有一点儿怨言，就对我说："搞学问就像滚雪球，越滚越大。"这句话我一直铭记在心。

点评

根据季节因素，合理、有效地推进手头的工作。

我的笔记

狗骨架和两本书

？文前小问号

来到周口店后，"我"越来越喜欢挖掘工作了，专业知识匮乏的"我"是怎样快速提升自己的呢？

每到发掘的时候，我们就事先到达周口店，把准备工作做好之后，新生代研究室的负责人抵达周口店，与裴文中一起商量发掘地点。待一切敲定了之后，就全盘由裴文中负责调度。

1931年9月，这年的秋季发掘开始了。连我这个什么也不懂的小学徒，也猜到准是继续发掘 Q2，因为这里发现了很多石器及哺乳动物化石和牙齿。果然不出所料，在这季的发掘中，除了发现了许多动物化石以外，还发现了一块人的锁骨和一块被火烧过的木炭。人的锁骨是

点评

从能猜到接下来会做什么，可以看出"我"渐渐适应并熟悉这里的工作了。

第一次被发现，这令步达生非常高兴。而那块木炭经植物学家鉴定为紫荆木炭。过去的发掘，发现过很多朴树籽，这次发现使我们了解到"北京人"烧火用的木柴至少有两种。

在鸽子堂，经过一年两季的发掘，从洞底部往下8米深所遇到的红、黄和黑色泥土，也就是前面所说的Q1、Q2层中，发现了人的锁骨，我们把发现地点称之为"G"地。这里的灰烬层都挖空了，往下遇到了坚硬的角砾岩。在角砾岩中虽然也发现了一些石器和化石，但不多，因而鸽子堂的发掘工作就停止了。

1932年春，各位领导经过长时间的磋商，决定挖掘鸽子堂以南到洞壁以东的部分，我们称之为东山坡。此处外露的地层多为角砾岩，很不容易挖掘。

就在这一年，我们改进了发掘方法，从过去不规则的到处漫挖，改为考古式的发掘。我们先在南洞壁上用钢钎打上等距离的孔，楔上木橛（jué），再往木橛上钉上铁钉，挂上线坠垂直地面，然后根据指南针，在南北方向拉上等距离的白线绳，用石灰水沿线绳画线。东西方向以此类推，打出横线，分出方格。横向按A、B、C、D……编号，纵向按1、2、3、4……编号。这样就可以知道发现的东西在哪个位置，再按比例绘出平面图。

分好格后，我们又在南北向先开出深沟，查看埋藏

点评
搞科学研究的人员要有敏锐的观察力和准确的判断力。

字词释义
磋（cuō）商：反复商量；仔细讨论。

动作描写
从这些动作描写可以看出，我们的挖掘准备工作做得非常细致。

情况，然后由一名技工带着一个工人在规定的格内发掘。另外，每个方格内挖出来的土石有专人清理，分别放在各自的地点，经过筛选后再处理掉，怕的是标本有所遗失。

这一革新举措，给以后的研究工作带来了极大的好处，避免了重要材料的遗失。即使在清理土石中找到材料，也能知道是哪个地点、哪个层位中的。

这一年虽然改革了发掘方法，但发现的材料却不多，除了一些石器和骨器之外，别无所获。这些材料经裴文中、卞美年检查之后，用毛头纸包好，装入大筐运往北京的研究室。

裴文中、卞美年因在周口店没有发现什么重要材料而回北京研究。我留在周口店，除了查看现场和做每天必须做的工作外，没事就看书。这一年，我从书本上学到了很多知识。

当时，古人类学和古脊椎动物学在中国刚刚起步，国内连一本哺乳动物的教科书也没有。就连裴文中、卞美年也是边干边学。有一天，裴文中在中国地质调查所图书馆，发现了一本1885年伦敦麦克米兰公司出版、福罗尔著的《哺乳动物骨骼入门》。这本32开、373页的英文书，对于我来说成了宝贝。我们轮流着看，晚上大多是我看。

全书共分 20 章，按照裴文中的指导，我先读哺乳动物的骨架，狗的头骨和灵长目、食肉目、食虫目、翼手目、啮齿目等章节。本来我的英文底子就不好，再加上书中专有名词太多，有些专有名词，英文字典上还没有，所以只好边读边向裴文中、卞美年请教。

书读起来很费力，开始每天只能读半页、一页，有些名词要死记硬背。功夫不负有心人，我还真的按裴、卞的要求啃完了。我感觉我的脑袋开了窍，对挖掘出来的骨骼化石的辨认能力有了长足的进步，也无形中对自己的工作更增添了兴趣。

我们都感到这本书对我们非常有用，可是按地质调查所的规定，借出的书到期必须归还，也不能续借。怎么办？裴文中提议复印。他认识一位德国人，这个人从故宫博物院买回了一些印刷机器，准备开个印刷厂。裴文中拉着我到西郊找他。他看了看，说可以印，只不过书皮是布面的，要贵点。商量半天，讨价还价，最后结果是复印 10 本 50 元，书皮我们自己想办法，成交了。

回来以后，我们就自己动手制作书皮，用的是花纸。其实也很容易，先往大瓷盆里放入清水，然后滴入不同颜色的油漆，用筷子轻轻点几下，水中即出现了美丽的波纹，再把道林纸放进去打湿，拎出来晾干，就成了漂亮的花纹纸。我们自制了 8 开的几十张花纸，送给

点评

"天道酬勤"这句话真是很有道理。想做好一件事，坚持就对了。

点评

现在得到一本书多容易啊，但我们往往并没有感觉哪本书有那么重要。细想一下，不是书不重要，而是因为得到的太轻易，就不知珍惜了吧。

了那个德国人。不久，32开本的书送来了，我花5块钱买了一本，其余的都留在裴文中手里。如果他没有卖出去，大概也都积压在他手里了。这书至今我仍完好地保留着。

为了更好地认识动物的骨骼，我还和工人商量，打一次野狗。在周口店的山坡上经常有野狗窜来窜去，尤其在夜晚，野狗常常聚在一起撕咬号叫，扰得人难以入睡。打狗吃狗肉大家都很乐意。我对狗肉不感兴趣，只希望能得到一副完整的骨架。

后来还真的打到了一只大野狗，工人们七手八脚地扒皮、去内脏。我在一边不住地叫喊："不要弄坏了狗骨头。"一大锅香味十足的狗肉炖熟了，大家争先恐后，拌着大蒜和辣椒大吃起来。看着工人们吃得那样香，我在一旁仍不住地大声叮嘱："不许啃坏了我要的骨头！"笑得大家肚子都疼了。

餐后，我把骨头重新煮了一遍，剔去骨头上的筋筋脑脑，再用碱水煮去油，最后亲手装起了一具完整的狗骨架。这可是我的私人财产，我在骨头上的不同部位涂上了不同的颜色，按《哺乳动物骨骼入门》中图上的名称，一一对应写在骨头上。在制作、写名称过程中，我对哺乳动物，特别是对狗的认识更加系统了。

我把我自制的狗骨架和研究室内的狼骨架做了认

点评

野狗多是得天独厚的条件啊，正好需要一副完好的骨架。

语言描写

喷香的肉吸引不了"我"，却大喊"不要弄坏了狗骨头"，可见"我"对于知识的渴望。

动作描写

通过一系列动作描写，可以看出"我"对得到这副狗骨架的兴奋和欣喜。

真的对照，发现狼的牙齿排列较稀，牙间空隙大，所以吻部延长，成粗锥形；而狗的牙齿排列密，吻部短。这样学习，比从书中学更加直观，记得更清楚，学得也更扎实。

为了提高自己的文化水平，在发掘间断期间，我还特别愿意帮助杨钟健和裴文中打印英文稿件。可别小看这种工作，它能提高我的英文水平，也能从中学到很多动物名称的专业用语和知识。

一天，我从娄公楼的办公室出来，信步走进了东安市场。我想，何不逛逛书摊和书店呢？在中原书店里，我突然发现了一本很新的英文书，是纽约查尔斯·斯克里布之子书店 1925 年出版的，纽约自然博物馆古脊椎动物学家、美国科学院院士亨利·奥斯朋著的《旧石器时代人类》（Men of the Old Stone Age），我高兴得跳了起来。但一问价钱，又吓了一跳，书价是我月工资的三分之一！寻思了半天也没舍得买。

到家后左思右想，感到这本书对我非常有用，第二天跑了去，还是把它买了回来。

这本书内容全，也通俗易懂。对于古人类，不管是欧洲发现的还是欧洲之外发现的，书中都做了解释。人类如何制造石器、打击石片；什么叫石核，以及石核、石片的特征等，书中都有图解，并加注了名称。书中对

点评

正因为作者时时都在思考和学习，才有了他后来的成就。

点评

在学习上哪不行就主动攻克哪，这是一种求知的态度。

点评

在当时，对"我"而言，求知时间不是问题，辛劳不是问题，而经济困难却是个大问题。

点评

尽管犹豫，但"我"实在求知若渴，因此最终买下这本书。

前舍利（Pre-chellean）时代工业、舍利（Chellean）时代工业、阿舍利（Acheulean）时代工业、莫斯特（Mousterian）时代工业、奥瑞纳（Aurignacian）时代工业、梭鲁特（Solutrean）时代工业、马格德林（Magdalenian）时代工业以及最后的阿兹尔－塔登奥伊森（Azilian-Tardenoisian）时代工业和文化，各个时代的气候、地理、冰期、间冰期等都一一做了介绍。

现在看来，此书内容虽然已显得过时，但从查阅发现古人类的地点资料来看，还是有一定价值的。它对我学习古人类和旧石器文化帮助很大。

以前裴文中曾给过我他的著作的单行本，如1931年在《地质学会志》上发表的《周口店洞穴层中国猿人层内石英器及他种石器之发现》，1932年他与德日进在同一刊物上发表的《北京猿人石器文化》等，我看了后总是似懂非懂，不得要领。读了《旧石器时代人类》一书，反过来再读裴先生的文章，很多地方就明白过来了，这对我以后专门研究旧石器有极大的促进作用。

上面提到的对我极有帮助的两本书，至今我一直完好地保存着。《旧石器时代人类》我都翻散了，后来又重新装订好。我宁可做笔记，也舍不得在书上写注。现在，我还经常翻阅它，它也仍能给我带来某些启发。

这一年，虽然改进了发掘方法，但发现的东西并不

多。然而我在这一年中却从书本上学到了很多专业的基础知识，所以，对于我来说，这仍是个丰收之年。

日积月累

不出所料　功夫不负有心人　争先恐后　左思右想

佳句欣赏

在周口店的山坡上经常有野狗窜来窜去，尤其在夜晚，野狗常常聚在一起撕咬号叫，扰得人难以入睡。

延伸思考

1."我"为什么要做一个狗骨架？

2.对"我"学习有很大帮助的两本书是什么？

3."我"将狗骨架和什么进行对照，学到的知识更扎实了？

我的笔记

刻在心间的名字

文前小问号

　　在我们周围，总会有一些人值得人敬佩；在我们的生命里，也总会有一些人对自己的影响很重大，这些人的名字会刻在我们的心间。那么，刻在作者心间的名字是谁呢？

设问
　　用这样自问自答的方式，强调了人的意义和价值。

　　人有生就有死，生命有长也有短。有人死后让人感到悲痛和怀念，也有人死后受到唾弃和谩骂。为什么？用一把尺子衡量，那就是在他活着的时候，在为人上是与人为善，还是与人为恶；在工作上是勤勤恳恳有所成就，还是碌碌无为虚度年华。步达生的死就使许多人感到悲痛。

　　步达生，1884年7月25日生于加拿大多伦多，

1934 年 3 月 15 日逝于北平他的办公室内。他 1919 年来华，先后任北京协和医学院解剖科主任、神经学和胚胎学教授。1926 年在周口店发现了人类牙齿之后，他力排众议，不但承认人是从猿进化而来的，还给"中国猿人"定了拉丁语的学名——Sinanthropus pekinensis（原意是北京中国人）。到 1935 年德国犹太人魏敦瑞来华接替了步达生的工作后，其学名才改为 Homo erectu spekinensis（北京直立人）。

步达生的年纪比我大 24 岁，按中国人的习惯他应属于父辈。他身材瘦小又有点儿驼背，但总是笑容可掬，待人非常随和，大家都喜欢和他接触。他总是教导青年人要好好干。

在中国地质调查所新生代研究室成立的过程中，步达生做了大量的工作。他先与美国洛克菲勒财团联系资助，后又与地质调查所协商成立新生代研究室的各项事宜。新生代研究室成立后，他任名誉主任。

步达生是个医生，患有先天性心脏病，他深知应该多休息，别人也经常这样劝他。可他把研究工作看得很重，很少有休息的时候。为了早日完成工作，他常常熬夜甚至通宵工作。一工作起来他就把自己的病抛到脑后。他去世之前的那天下午，杨钟健在下班前还到过他的办公室，与他谈论工作。杨先生走后，也曾有人找过他，

点评

步达生教授对古人类学的研究贡献巨大。

外貌描写

写出了步达生教授的样子和性格，从中也可以看出，大家都很喜欢他。

点评

一直工作到生命的最后一刻，步达生教授的敬业精神让人敬佩。

· 067 ·

敲他的门，没人答应。最后到处找不到他，有人把他办公室的门撞开，才发现他趴在办公桌上，手里捧着人头骨，已经过世了。

对步达生的死，大家极为悲痛，我也深受震动。他那样勤勤恳恳地工作，我比他年岁又小那么多，在工作上和学习上岂能偷懒？从此我下定决心，一定要把知识学到手，努力工作，做出成绩来。

我永远不能忘记的另外两位前辈是裴文中和杨钟健。他们对我的培养和帮助是我工作上、学习上不断取得进步的重要因素。

裴文中先生 1904 年 3 月 6 日生于河北省丰南县[①]，1927 年毕业于北京大学地质系，毕业后即进入地质调查所工作。1927 年起参加了由李捷和步林共同组织开展的周口店大规模发掘工作。1928 年李捷到南京中央研究院任研究员，1929 年步林参加"中瑞西北科学调查团"工作，周口店的发掘工作就由杨钟健和裴文中两位担任。1929 年杨钟健与德日进前往山西和陕西北部考察地质，周口店的工作由裴文中一人负责。

裴文中为周口店的发掘付出了心血，立下了汗马功劳。在周口店期间，他从早到晚不停地工作，既无星期天也无休息日。他和工人一样，日出而作，日落而息，

反问

突出强调了步达生教授对我的影响，鞭策"我"更勤奋地工作。

点评

"汗马功劳"一词，言简意赅地点明裴文中教授对周口店研究的巨大贡献。

---

① 丰南县：现今河北省唐山市丰南区。

就像过着原始生活。

　　他对工作，特别在管理方面抓得很严。不管有几个发掘地点，他都是东奔西走到处查看，唯恐失漏和挖坏了标本。他严格地执行着填写"日报"和"月报"制度，还经常改进一些运送渣土的方法，以减轻工人的劳动强度。

　　他没什么嗜好，很少进戏园子和电影院。当时收音机很盛行，但周口店工作站没有。他平时好说笑，话语中经常带点苛刻和调侃，逗人发笑。我参加了周口店的发掘工作之后，登记标本，填写日报、月报等杂七杂八的工作就交给了我，以前这些事都是由他一人承担的。

　　1929年12月2日下午4时，他发现并亲手挖掘出了"北京人"头盖骨，他就像发现了宝贝一样。那时已经日落，洞里特别黑，他点着蜡烛，还是把它取出来，脱了上衣，裹着它，小心地抱着，慢慢走回了办公室。从此他成了国内外的知名人士。

　　在以后的工作中，他仍然一丝不苟，从不拿"大"。他是学地质的，对古人类学和古生物学也是边干边学。从1932年起，他对周口店的食肉类化石产生了兴趣，经常一边翻阅文献一边拿着现在的兽类骨骼做对比，有时到深夜还在研究。功夫不负有心人，不到两年，他就完成了《周口店猿人产地之食肉类化石》的巨著。

点评

这是对裴文中教授的整体评价。这样的人值得我们敬仰。

点评

这样的人值得我们把他永远刻在心间。

读书笔记

语言描写

通过语言的对比，写出了杨钟健先生和蔼、风趣的一面。

在工作中他有"三勤"，即口勤、手勤、腿勤。每当野外调查，他知道了化石的出处后，不管路多难走也要亲自跑去查看，遇见化石必亲自动手挖掘。他从不把别人发现的材料作为自己的研究资料。我在《令人怀念的裴文中先生》一文中写道："他最大的优点是对人和蔼，从不拿'大'"，吃苦耐劳，乐于助人。"在与他一起工作期间，我从他的言传身教中，学到了很多宝贵的东西。

杨钟健先生也是如此。他1897年6月1日出生于陕西华县，大我11岁。他为人厚道，善于育人，一生培养了很多人才。他尊老爱幼的精神为人称道。

1919年他考入北京大学地质系。孙云铸先生（1895—1979）比他先一年毕业，后留校任助教。他们的年岁差不多（孙云铸只比杨钟健大两岁），但杨钟健一直称孙云铸为老师，而孙云铸身着布衣、布鞋，头顶旧草帽来我们研究所时，也一直称杨钟健为先生。杨钟健是个急脾气，工作不顺心时就发火，而后他感到自己做得不对，又会亲自向你赔礼道歉，从不计较。

有一次他看到了我请别人为我刻的一枚藏书章，因为上面只刻了"贾兰坡藏"四个字，没有书字，他就问我这章是藏什么用的。我心想，这不是明知故问嘛！除了藏书还能干什么！我没好气地说："藏什么都可以。""盖在馒头上呢？""盖在馒头上藏馒头，盖在窝头上藏窝头。"没想到，他居然呵呵笑个不止。仔细一想，他问得有道理。之后，我又请人重刻了一枚"贾兰坡藏书"的章，但这枚章我从未用过。他对标本的陈列很重视。抗日战争爆发后，中国地质调查所南迁，地质调查所陈列馆的许多标本也运往南京。当时杨钟健任北平分所所长，他嘱咐我重建陈列馆。我把山顶洞发掘出来的完整的动物化石，组装成骨架，按当时的生活环境和方式，在丰盛胡同3号南大厅开辟了一块山顶洞时期动物生活的小园地。杨钟健非常感兴趣，常常来指导工作。这些材料保存在当时的中国地质矿产部地质博物馆内。

中华人民共和国成立后，杨钟健除了担任中国科学院编译局局长外，还任中国科学院直属的古脊椎动物研究室主任。

我除担任研究工作外，还兼研究室秘书并负责周口店和研究室的标本管理工作。

有一天，某大学来函索要周口店"北京人"产地发现的动物烧骨，我就到丰盛胡同3号后楼的标本柜里寻找。突然，我发现了一块外表像人类胫骨的化石，长度比中指长。之后，又找到了一块被烧过的人的肱骨。我马上与杨钟健通了电话。他听说后要我马上带着标本去

✎ **点评**
　　杨钟健先生有先见之明，正因为有他的嘱咐，这些宝贵的材料才保存了下来。

✎ **点评**
　　突出了杨钟健先生对研究的一丝不苟。

见他。

　　杨钟健仔细地看了标本，第二天又来到了兵马司①仔细查看。他问我："你是怎么区分出它是人的呢？""再小也能区分得出来。骨头只要带着外皮，有蚕豆大小就能分辨。"他兴致勃勃地说："那我得考考你的眼力。"说着叫人把几块人的肢骨和动物的肢骨背着我用纸盖住，纸上只撕了一个手指盖大的孔，让骨面露出来，然后叫我辨认。我看了一会儿，就把人的肢骨指了出来，一点儿没错。杨先生高兴地说："真有你的。"过后杨先生一再叮嘱我，要我把辨别的方法写出来发表。在他的鼓励下我写了一篇《如何由碎骨片中辨认出人骨》的短文，发表在《科学通报》1953年2月号上。

　　能够辨认人骨和动物的骨头是我平时注意观察的结果，我摸索出了一些经验。人的骨头表面有许多棕眼式的小孔，暂且叫它为纤孔，以肱骨表面最为明显。

　　纤孔是顺着骨头长向而生的，带有尾式沟，在放大镜下观察像蝌蚪，呈大头长尾状。纤孔排列不规则，有的上下倒置。纤孔多是向侧方倾斜穿入骨里。纤孔较大是人骨特有的性质，而一般兽骨表面的纤孔较细小、平滑。虽然有时骨骼放得久了，因受气候的影响，受酸性

语言描写

　　从中可以看出杨钟键先生对"我"能分辨出人骨和兽骨的欣喜与激动。

点评

　　"我"的这篇短文的发表，离不开杨钟健先生的指导和鼓励。

读书笔记

———————————
① 兵马司：地名。位于北京市西城区丰盛胡同以北。

物质的侵蚀，骨的表面会发生细微的裂纹，但兽骨只是有沟而孔很少，远没有人骨的多。

通过自己的努力，我取得了一点儿成绩，受到了前辈们的支持和鼓励。反过来，这些成绩也增加了我继续发奋的信心。所以说，没有自己的努力，没有老一代科学家的支持和帮助，一个人获得成功是不可能的。

在我家的客厅里，还挂着老一辈科学家的照片。虽然他们大多数都去世了，但当自己在工作中遇到困难的时候，看一看这些前辈们的照片，从中也能得到很大的鼓舞。

点评

所以说，那些让人敬仰的前辈的名字，我们要永远铭记心间。

我的笔记

日积月累

力排众议　日出而作，日没而息　一丝不苟兴致勃勃

佳句欣赏

人有生就有死，生命有长也有短。有人死后让人感到悲痛和怀念，也有人死后受到唾弃和谩骂。为什么？用一把尺子衡量，那就是在他活着的时候，在为人上是与人为善，还是与人为恶；在工作上是勤勤恳恳有所成就，还是碌碌无为虚度年华。

我的笔记

_____

_____

_____

_____

_____

_____

延伸思考

1. 步达生教授出生于哪？

2. 除了步达生教授，我永远不能忘记的另外两位前辈还有谁？

3. 是谁发现并亲手挖掘出了"北京人"头盖骨？

主持周口店发掘

？文前小问号

　　贾兰坡先生一边工作一边学习，在实践中积累了丰富的经验，参与周口店的挖掘工作成了他的兴趣和爱好。那么，是什么原因让他能够主持周口店的发掘工作呢？

　　按照预先的安排，裴文中1935年要去法国留学，所以从1934年起他就不经常来周口店了，他要在家学习法文。卞美年对考古这项工作不感兴趣，他对经济地质感兴趣。而这一年的春天，我又晋升为技佐（相当于助理研究员或讲师），周口店的工作，实际上由我在负责。

　　从实践中，我学会了发掘的程序，一些原来由裴先生承担的工作，如绘制剖面图、平面图，照相，标本的

点评

　　通过不断地练习和努力就能掌握复杂的技艺，提升自己的能力。

记录、编号，填写"日报""月报"等既多又杂的工作，只要我学会了一样，裴文中就会叫我多干一样，这也无形中锻炼、培养了我。

裴文中要走，领导想把主持周口店发掘的工作交给我来做，让我接裴文中的班。我虽然热爱这项工作，但总觉得自己不够格，感到压力很大。经过杨钟健的一番开导，我也只好从命了。

主持周口店工作以后，我生怕自己胜任不了，把工作办砸了，心里一再打鼓。不久，杨先生派来了燕京大学生物系毕业的孙树森和北京大学地质系毕业的李悦言参加周口店的工作。杨钟健打算叫孙树森跟我合作，叫李悦言学习如何发掘和处理化石。我心里很高兴，这回有了伴，遇见什么事也可以商量了。可是没过多久，孙树森就开始埋怨，说这是把他发配到周口店，整天和石头、骨头打交道，毫无乐趣。他没待几天就走了，据说后来到某个中学教书去了。李悦言也只干了一年多，就到山西垣曲搞始新世化石去了，结果周口店又只剩下我一个人。

就在我接班的这年，德国犹太人、世界著名的古人类学家魏敦瑞（Franz Weidenreich, 1873—1948）来华接替步达生的工作。来华之前，他在美国芝加哥大学任解剖学和人类学教授。那时候他就认为，周口店发现了

我的笔记

点评

只有对一项事业真正热爱，才能潜心钻研，不怕枯燥。

点评

学识越渊博，就越对事物有更多的思考与认识。只有这样，才能在探索中发现新的知识。

头盖骨、下颌骨和许多人牙，但人体的骨骼很少，是由于发掘的人不认识的缘故。

到了北平之后没几天，魏敦瑞就到周口店检查工作，之后又接二连三地到周口店勘查地层，仔细观察工人们挖掘化石的工作，还问过我大型食肉类动物的腕骨与人的腕骨有什么不同，我对他做了详细的解答，他很满意。最后他对周口店的工作信服地说："这样细致的工作，不会丢掉重要东西，是可靠的。"从此以后他不常来周口店，每个季度大约只来一两次。1935 年的发掘主要集中在"北京人"遗址，只有一小部分人仍然发掘山顶洞的下部堆积。这一年的结果，除了发现一些人牙、灰烬层里的一些烧骨和石器外，没有什么新鲜东西。但使我感到奇怪的是，上层发现的石器较小，底层发现的石器较大。我常自问：这是为什么？

没有新发现，就觉得自己的工作没成绩。我向杨钟健建议，停止周口店的发掘，把人员分成几个小分队，由我带着到周口店以外的地区寻找新的地点。我想，古时的人总不会在周口店一处生活吧！杨先生怕改变发掘地点和范围，会有悖于当时地质调查所与美国洛克菲勒基金会双方制定的协议，而得不到资助，反而不好，所以没有同意。

其实，为了找新地点，从 1934 年起我就开始了行

点评

通过前文接二连三的勘察与现在只来一两次的对比，写出了魏敦瑞对"我"工作的放心与肯定。

点评

当在工作和学习中进展缓慢时，我们需要经常自我反思。

动。有时是我和技工杜林春，有时是和技工柴风歧等人出去寻找。我们往西到了斋堂，即马兰台（"马兰黄土①"的标准地点）。其实所谓的马兰台黄土并不标准，真正的标准地点在马兰台以北、东西大道的北山坡上。

点评
　　三人行，必有我师。

　　寻找和开辟新地点成了我们额外的工作。特别是与专家学者们一起去勘查，从中更能学到很多地质学、古生物学、古人类学等方面的知识。在 20 世纪 30 年代后期，我们曾到离周口店以北数十公里的灰峪，在那里发现过一处很好的哺乳动物化石地点，我们把它编为第 18 地点，后经德日进研究，此处地质时代为早更新世。

　　在周口店"北京人"化石地点以南不足 2000 米的地方，有一座小山，其顶部高出现在的河床约 70 米。上面有一个簸箕形的沙岩沉积物，沙质很细，沙层薄厚不同。用钢凿把沙层揭开，就发现了鱼的化石。鱼化石很多都是整条整条的，身子还微微鼓起来，鱼刺看得清清楚楚。化石表面还有光亮的鳞片，栩栩如生，十分惹人

细节描写
　　通过刻画鱼化石的样子，写出了鱼化石的精致与漂亮。

----

① 马兰黄土：中国第四纪黄土分期名称之一，标准剖面地点在北京市门头沟区斋堂川北山坡上，因附近清水河右岸有马兰阶地而命名。马兰阶地高出河面 30 ～ 40 米，由松散黄土类物质及砂、砾石层组成，但马兰阶地上并无黄土沉积，马兰黄土为淡灰黄色，疏松、无层理。底部见有基岩碎屑。其生成期较山西离石 – 午城黄土为晚，属上更新统沉积物。马兰黄土广泛分布于燕山南麓、太行山东麓及山东泰山、鲁山山麓和山东半岛北侧山麓与山间盆地中。

喜爱。后经科学家研究，其处地质时代为上新世。这证明了七八百万年前，在山顶上是一条河。"北京人"居住过的洞穴，其顶大约也高出地面70米，上面也有一层细沙，细沙上面还有一层砾石。这些都是被大水冲流的凭证，显然这一带的地层曾有过抬升。这些额外的发现，对未来的地壳抬升研究很有帮助。

裴文中先生到了法国，我于当年10月17日收到了他9月24日的来信，信中说："……我觉得我国许多山洞应当钻。上房山云水洞好，请与杨钟健、卞美年二先生去一趟。扁担窝及附近洞也请去看看。地上、壁上都要留心。入洞时要特别小心，不可粗鲁，因时有危险，最好买一部手提电灯，走到十字路口要留记号，以便出来。洞内有水，深浅不易辨别，先试着走。如此可以探洞，或有发现。"这说明裴文中先生也有寻找新地点的想法。

魏敦瑞来了之后，为了寻找人类化石和文化，他想扩大发掘范围，不过还是叫我们先集中力量发掘第1号地点（即裴文中发现第一个头盖骨的地方）和在它之南的第15号地点。我每天在这两个地点穿梭般地跑，唯恐丢漏人化石。对于已发现的化石，魏敦瑞没一点儿兴趣。

卞美年从北平给我来信，要我把第15号地点的工作

点评

这一带的地层是不断变化抬升的，经过时间的累积才有现在的地貌。

感想

通过裴文中先生在信中的嘱咐，可以看出他的细心谨慎，以及对后辈的关切。

点评

魏敦瑞对于自己寻找人类化石和文化的目标很坚定。这也告诉我们，在做事时只有坚定地朝着一个目标不断努力，才能有所成就。

告一段落，即挖完一层就停止，然后集中力量挖第 1 号地点。他的信对我很有启发。他又在另一封信上说："找不到东西（指人类化石）可以不必发愁。月底收工，如果没有的话，那是死鬼要账（北京俏皮话"活该"的意思），咱们是变不出来的。"我想想也是这个理，挖不出来我有什么办法。

卞美年的来信虽然给了我一些安慰，但没有发现人类化石，我心里也时常很烦闷。烦闷时，我就把已发现的石器和骨器拿出来观察。以前发现的石器编了目录，骨器也编了号，1932 年发现的石器我都亲手摸过，很熟悉。所以一有闲暇，我就对它们进行分类和研究，不料越研究越想再深入，越想深入就越着迷。我想，我何不在旧石器时代考古上下功夫，创出一个新天地、争取做一名高手呢！从此我就为自己确立了新的目标——旧石器考古。当然杨先生说的"四条腿走路"还是必须坚持的，因为它们之间有着内在的联系。

点评

对事业要真正的热爱，到达熟练和痴迷的程度，才能真正地做出自己的一番事业。

点评

确立目标并不断为目标努力，同时也要兼顾相关的知识。只有这样，才能全面发展。

佳句欣赏

鱼化石很多都是整条整条的，身子还微微鼓起来，鱼刺看得清清楚楚。化石表面还有光亮的鳞片，栩栩如生，十分惹人喜爱。

延伸思考

1."我"因为什么主持了周口店的工作?

2.经过谁的开导,"我"接受了主持周口店的工作?

3.1932年,"我"确立的新的目标是什么?

✎ **我的笔记**

发现了三个头盖骨

？文前小问号

　　考古发掘就是一个有目标但不知是否有结果的漫长的探寻过程。当一无所获时，可能会让人信心慢慢消失；当柳暗花明时，往往便是一个惊天的发现。是什么让周口店的发掘震惊了全世界呢？

　　1936 年周口店的发掘任务仍是寻找人类化石。李悦言、孙树森两人相继离开了周口店，我又成了光杆司令。魏敦瑞来北平一年多了，除了一些人牙外，没有见到其他重要材料，他心急如焚。其实我们也是如此。更使我们担忧的是，美国洛氏基金会只给了 6 个月的经费，而魏敦瑞又只拨给周口店每月 1000 元的费用。如果 6 个月后再无新的发现，洛氏基金会可能会断了对周口店的

点评

　　由于工作遇到了瓶颈，工作人员心急如焚。

资助。

此外，日本侵华战争也正一步步向华北推进，中国地质调查所已随国民党政府迁往南京。

杨钟健就任北平分所所长，他担心新生代研究室得不到资助，会散摊，我会另找工作。当时我已升为技佐，相当于讲师，找一个教书的差事不会很难。他找我谈了几次话。他问我："如果新生代研究室取消，就在周口店成立个陈列馆，你去管理怎么样？愿意不愿意？"我同意了。尽管大家对"后事"都做了安排，但我是周口店的负责人，还是兢兢业业、勤勤恳恳地在周口店干活，一点儿也不敢马虎。杨钟健也是三天两头地到周口店检查工作，他看见大家都用心工作，也放了心。

天无绝人之路。正当我们为找不到人类化石而一筹莫展的时候，在这一年的 10 月 22 日上午 10 点钟左右，当我们发掘到 8～9 层时，我突然看到在两块石头中间，有一个人的下颌骨露了出来。当时那高兴劲就别提了，我马上趴在现场，小心翼翼地挖起来。下颌骨化石已经碎成几块，每块都被土石包裹着。我们立刻把挖出的化石拿到办公室修理，再用火炉子烘干，第二天派人把它送到了魏敦瑞手中。他看到后，高兴了起来，长时间愁苦着的脸有了笑容。几个月的工夫没白费，发现了下颌骨给大家以很大的鼓舞，我们都来了精神，我决定继续

读书笔记

点评

在面对困难时，只要没有到达最坏的境地，都要义无反顾地努力坚持。

点评

努力总会有收获，坚持下去一定会有好的结果。

干。11月15日，由于夜间下了一场小雪，到了早上9点钟我们才开始工作。9点半，在临北洞壁处，技工张海泉在他负责的方格内的沙土层中，也挖到了一块核桃大小的碎骨片，当时我离他很近，看见他把骨片放进了小荆条筐里，我问是什么东西，他说："韭菜（即碎骨片之意）。"我过去拿起来一看，不由得大吃一惊："这不是人头骨吗？"大家听我一嚷，也马上围了过来。

我马上派人把现场用绳子围了起来，只许我和几名有经验的技工在内挖掘，其他人一概不许进入。我们挖得非常仔细，就连豆粒大的碎骨也不遗落。在这约半米多的堆积内，发现了许多头盖骨碎片。慢慢地，耳骨、眉骨也从土中露了出来。我们这才明白，头盖骨是被砸碎的。直到中午，这个头骨的所有碎片才被全挖出来。我们将碎骨送回办公室清理、烘干、修复，把碎片一点儿一点儿地对粘起来。

下颌骨发现后，就有人断言"新生代研究室要时来运转了"。我们高兴的心情还没平静下来，下午4时15分，在上午头盖骨发现处的下方略北约半米处，又发现了另一个头盖骨，它的情形与上午的第一个相仿，均裂成了碎片。这时天已经渐黑，我派六个人在现场守护，以防意外，同时打电报向当局报告。

此时，杨钟健去了陕西未归，他的夫人王国桢四处

打电话找人。找到卞美年后，卞美年第二天早上急急忙忙跑去找魏敦瑞。魏敦瑞还没起床，听到消息后，从床上跳了下来，急忙穿好衣服，带着夫人、女儿同卞美年一起，由他的朋友开着汽车来到周口店。

我们一宿没合眼，粘好了第一个头骨。当魏敦瑞到来后，我们从柜子里将头骨拿出来给他。他的手不住地发抖，太激动了！他不敢用手去拿，而是把头骨放在桌上，左看右看，着实看了个够。之后他的夫人说，当他早上听到这个消息时，从床上一下就跳了起来，连裤子都穿反了。

午后，魏敦瑞一行又到第二个头盖骨发现的现场，查看挖掘的情况。由于怕挖坏，挖掘的速度很慢，他们只好带着第一个头骨返回了北平。第二个头骨的碎片，直到日落西山才搜索完毕。此时，当地的村民以为我们挖出了宝贝，发了大财，都跑来围观，在回办公室的道路上也聚集着很多的人。回到办公室，我们又是修呀，烘呀，对碴呀，粘呀，折腾了一宿。17日夜，我携着这个头盖骨乘火车回北平，亲手把它交给了魏敦瑞。

真可谓"柳暗花明又一村"。11月25日夜又是一场小雪。26日上午9时，在发现下颌骨的地方之南3米、之下约1米处的硬角砾岩中又找到了一个头盖骨。这个头盖骨比前两个都完整，连神经大孔的后缘部分和鼻骨上部及眼孔外部都有，其完整程度也是前所未有的。大致修理之后，我于翌日携带它返回北平。亲手交给魏敦瑞时，他竟"啊"了一声，两眼瞪着，发了很长时间呆，才缓过神来。

在发掘这三个头盖骨的地方，我注意到了一个问题，就是在前面两个头盖骨的地层中同时发现了大量的石器，其人工打击的痕迹很清楚。唯有第三个头骨，虽保存完好，其出土处也得到些沙石片，但石片上没有人工打击的痕迹。对此我产生过疑问。我一直在想：第三个头骨当初是否被移动过？

11天之内连续发现了三个头盖骨、一个下颌骨和三枚牙齿的消息，一时传遍了全国和全世界。各地报纸纷纷登载这一消息，领导也特意叫我照了一张相片，洗印100多张，以供各地报纸发表之用。后来英国一家专门搜集剪报的公司给我来信，说只需付50英镑，就可以把他们搜集到的世界各地发表的、有关发现三个猿人头盖骨的2000多条消息的剪报给我。50英镑啊！我没钱买，去它的吧。

此时，新生代研究室秘书乔石生在给我的信中说："……再者兹有喜事一件请为兄告，即昨日弟往西城工作，在杨大所长桌子上见有翁文灏所长来信云吾兄：'近来在周口店成绩甚佳，虽并非大学毕业，而数年追求很

点评

即使在已经获得巨大成就的时候，依然需要不断反思，冷静地看待得失。

列数字

写出了发现数量之多，以及成果对于国家和世界有非常重要的意义。

读书笔记

——————————

——————————

——————————

——————————

——————————

——————————

具根基，故应特别待遇，而特奖励'等语，即请兄静候晋级加薪可也。"

中国地质调查所北平分所于12月19日在中国地质学会北平分会上，特别邀请魏敦瑞和我做报告。我谈了挖掘和发现的经过。魏敦瑞在报告中说："现在我们非常荣幸，因为中国猿人在最近又有新的发现：10月下旬曾发现猿人下颌骨一面，并有5个牙齿保存；11月15日一天之内，又发现猿人头盖骨两具及牙齿18枚，26日更发现一个极完整之头盖骨。对于这次伟大之收获，我们不能不归功于贾兰坡君。因为当发现之始，前二头盖骨化石，虽成破碎状态，但贾君已知其重要性，并施用极精的技术，将其挖出，并经贾君略加修理，后才由卜美年君及余携手研究。"

一时间，我仿佛成了英雄，无论是地质调查所的领导、同事们，还是新闻界的人士，都在为我欢呼、呐喊，这使我感到不安和惭愧。我深知自己吃几碗饭、有多少斤两，对于加在我头上的荣誉，我很冷静。我想，这些赞扬都是对我的鼓励，离真正的荣誉，我还差得很远很远。我仍需努力工作和学习，否则对不起培养我的老一代人。

列数字

表明成果之丰硕，意义之重大。

点评

只有在任何时候都保持冷静，并且不断反思和学习，才能做成大事。

我的笔记

兢兢业业　勤勤恳恳　天无绝人之路　小心翼翼　时来运转

我们一宿没合眼，粘好了第一个头骨。当魏敦瑞到来后，我们从柜子里将头骨拿出来给他。他的手不住地发抖，太激动了！他不敢用手去拿，而是把头骨放在桌上，左看右看，着实看了个够。之后他的夫人说，当他早上听到这个消息时，从床上一下就跳了起来，连裤子都穿反了。

延伸思考

1.1936 年，周口店的发掘任务是什么？

2.1936 年 10 月 22 日，"我"在挖掘时发现了什么？

3.11 天之内连续发现了什么，一时传遍了全国乃至全世界。

辗转云南行

? 文前小问号

为了开辟新的化石地点，我们前往云南的富民县河上洞中进行调查。说到云南，你也许会想到丽江、昆明、玉龙雪山、洱海、蓝月谷……那么多美好的景象会浮现在你的脑海中。那么，作者去云南都经历了什么呢？

纽约自然博物馆已故馆长奥斯朋曾有一种说法，认为人类起源于中亚高原地区，一支往南去了爪哇，一支往北来到北京，一支西行到了德国海德堡。这一见解，在当时很流行，魏敦端也颇赞同，南行的一支到爪哇必须经过云南。听中国的地质学家尹赞勋和王曰伦两位说，在云南的富民县河上洞中就有化石。我们决定前往调查。

点评

在实践中结合先人的经验和自己的推断，才能为行动提供更为准确的方向。

点评

可以看出"我"对事业的追求和忘我的工作热情。

得到所领导的批准和魏敦瑞的同意后，我们于1937年1月中旬出发了。这次外出只有卞美年、我和杜林春三人。出发前我还在患重感冒，在家休息。卞看我躺在床上，征求我的意见，想把行期往后推。我说，休息几天就没事了，下个礼拜可以动身。

这次外出，是想开辟新的化石地点，尽管我们已经在周口店找到了那么丰富的人类化石。对于我个人来说，在新一年周口店发掘工作开始之前外出旅行一次，也是很难得的机会。当时京滇公路已建成，但还没开通，我们只好先到长沙。我们暂住在长沙分所，打算再雇汽车到云南。汽车没雇到，只好在长沙闲等。逛大街穿小巷，观察当地的风土人情。当然我们也没忘记渡过湘江，登上岳麓山，去凭吊中国地质界的老前辈和奠基人之一、我们的老所长丁文江（1887—1936）先生。丁先生的墓地就在岳麓山上。

点评

不论做什么事情，都不能忘本，不能忘记前人的努力。

几天后，我们再次去公路局询问车子情况，答复是小车子没有，如果我们愿意，给我们一个中等的旅行车。车子听你们调遣，也可顺便拉上几个客人，一路上想停就停，想走即走，费用照收。我们觉得虽有不便，可一时又没有想要的车，为了赶时间也只好如此。

车从长沙出发，客人不多，很松快，连躺着睡觉都可以。西行到了桃源县，车子坏了。一问司机，才知

道一时半会儿修不好，有个零件要到常德去买，真是出师不利。正在烦闷无聊的时候，我突然想起了陶渊明①的《桃花源记》。那还是我上学时学过的，文章字数不多，但结构严谨，含义丰富，老师叫我们背过。"晋太元中，武陵人捕鱼为业。缘溪行，忘路之远近。忽逢桃花林，夹岸数百步，中无杂树，芳草鲜美，落英缤纷。渔人甚异之。复前行，欲穷其林……"我把这篇文章背给卞、杜两人听，又把文章讲的故事叙说了一遍。我提议："既已到此，车子又坏了，天赐良机，准是叫我们游一游桃花源。你们看怎么样？"卞、杜也来了精神。我们当即雇了一条小船，沿江漫漫游荡。船夫悠悠向前划行，只见前方有一片树林，船夫告诉我们，那就是桃花源了。划至近前，桃花虽不见盛开，却也含苞欲放，看得我们眼花缭乱。陶渊明当时写《桃花源记》，是渴望有一处和平安详的生活环境。虽然我们什么也没见到，觉得有点儿遗憾，但到此一游却赶走了因车坏而造成的烦恼。回来时已是下午2点了，我们草草吃过饭，就往坏车处赶。

---

① 陶渊明（365—427年）：晋宋时期著名诗人、辞赋家、散文家。一名潜，字元亮，私谥靖节。浔阳柴桑（今江西九江西南）人。陶渊明出生于一个没落的仕宦家庭。曾祖陶侃是东晋开国元勋，官至侍中、太尉、荆江二州刺史、都督八州诸军事，封长沙郡公。陶渊明的祖父作过太守，父亲早死，母亲是东晋名士孟嘉的女儿。

点评

山重水复疑无路，柳暗花明又一村。

点评

旅途中突发的窘况，也可以因为自己的心境而变得有诗意。

车修好了，继续西行。当时的公路很窄，路面也没有柏油，只铺了一层粗沙。路面被雨水一冲，泥泞不堪。车子左摇右晃，一天跑不了多少路。我坐在车上头昏脑涨，腰腿也酸痛难忍。我们不时叫车停下来，下车活动一下身脚。当年的旅行真是不易，与今天比较起来，有天大的差别。天色近黄昏时，到了贵州省黔东南苗族侗族自治州北部的施秉县，我们找了个旅店住下。我们三个人住在北房的一个大间里，因腰酸腿疼太累，晚饭后大家早早就入睡了。半夜，卞美年把我推醒："你听这是什么声音？好像是同车而来、住在厢房的两位妇女在哭。看看去。"卞美年拉起我就走。敲开门一问，才知道她们的路费用光了，前不能行，后不能退，所以急得哭了起来。年老的妇女指着年轻的对我们说："这是我儿媳，要去贵阳找丈夫。"我俩一听，认为这没什么了不起，忙劝道："既然大家有缘同车而行，哪有不帮助的道理。"我回房取了15块银圆，交给老太婆，又说，"不管如何，我们一定把你们送到家。钱呢，不必挂在心上，有就还，没有就算了。"她们说了许多感谢的话，我俩回屋继续睡觉去了。

汽车开到了贵阳东关，两位妇女下了车，她们要我们等一等。只见老婆婆跑进了一条小巷，那位年轻的女子站在车前。我们不知怎么回事，正在疑惑，从小巷中

点评
不论在任何时候都要心存善良，对力所能及的事情施以援手。

点评
好人有好报，要心存善良地做人做事。

走出来一个青年，后面还跟着一群人。他们走到车前，一位年长的男人叫那个青年把钱如数还给了我们，还拉着我们去家里做客。我们解释说，要去云南有急事，不能多耽搁。磨了半天嘴皮子，他们才放我们走。车子开出很远，还看见他们在向我们挥手。

到了安顺，我们看见当地的少数民族妇女上着蓝色短衣，腿上打着裹腿，赤足担水在街上叫卖。我也不知道她们是什么民族，只是拿出相机，给她们照了几张相，就急忙上了车。到了下一站，我才发现相机不见了，左找右找也没有。想来想去，是给少数民族妇女照相时，卸完了胶卷忙着上车，把相机丢在大石头上了。唉，真倒霉，这是我花 40 块钱买的。卞、杜两人劝了半天，一路上我还是很心烦。好在回到北平后，我把照片投到大公报几张，得到一些稿酬，补回了一点儿损失，因为那时贵州与内地的交通不便，这种照片很难得。

路途中，还经过了一个地方，我忘记叫什么名字。只见有的人家把门板卸下来，竖在门前，上面贴着长有 1 米、宽有半米的饼子。用手一摸，软软的，很像中医的膏药。一问老乡，才知道是大烟，听了之后吓了一跳。我不由得想起北京有人吸食大烟，倾家荡产、家破人亡的情景。不想这种害人的东西，这里到处都是，能不叫人胆战心惊吗？

点评

在那个年代，交通不便利，科技也不发达。相比之下，我们更要珍惜如今来之不易的便利生活。

反问

运用反问的手法，写出大烟让人心惊胆战的事实，加强了肯定的语气。

点评

无论前进的道路有多少艰难险阻，也挡不住我们前进的步伐。

 点评

特别的优待反而让我们觉得反常，这种不合常理的情况想必有特殊原因吧？

到了贵州西部的盘县①，我们乘的那辆车就不往前走了，因为以后的路段不归长沙管辖，去云南需要另换车。我们三人找了一家小店准备住下。进去一看，脏乱不堪，床上幔帐成了灰色，一动到处飞尘土。卞美年说，走吧，上县衙门去吧。

我们来到了县政府，县长立刻出来迎接。他早已接到长沙的通知，知道我们要路过他管辖的县去云南，已经做好了准备。县太爷把我们迎进后院。后院有三间北屋，西边一间是他的办公室，东边一间是他的住房，中间那间原来是客房，让我们三个人住。室内干干净净，我们当然很满意。

在这里住了几天，县长对我们极为优待。早餐县太爷陪着，中餐晚餐可以说顿顿是酒席。我叫杜林春去问车，可回答总说没车。上街逛逛吧，又有警察保镖跟随。不对吧，我们越来越觉得不对劲。卞和我叫杜林春偷偷地给翁文灏所长打了个电报，说明了我们在盘县的情况。

第二天上午这位县太爷就收到了翁的电报："卞、贾赴云南工作，请斥警护送出境，翁文灏。"至此县长才向我们吐露了实情。原来，长沙卫戍司令部的军需，携带着一个营的军饷潜逃，就是乘坐的我们的那辆特别待

———————————
① 盘县：现今贵州省盘州市。

遇的车。盘县归长沙卫戍司令部管辖,所以县太爷接到通缉令,把全部乘客扣留。他也知道我们的底细,又不敢违抗卫戍司令部的命令,只好用好吃好喝的办法,把我们三人给软禁起来。两天后,长沙司令部派来汽车押解犯人,又顺便把我们送到了平彝[1]。

我们是在平彝过的春节。平彝是个穷县,过年连个鞭炮声也听不到。时逢过年,饭铺又关了门,我们只好与县长在一起吃了年夜饭,初二一早就乘长途汽车上路了。车子经曲靖到云南首府昆明。在昆明,因我们揣着经济部长的介绍信、卞美年朋友的介绍信,所以受到很好的照顾。卞美年的四哥卞万年是协和医院的大夫,他事先给在昆明医院当院长的同学写了信。出发前,我的感冒并没彻底好,落下的一站一坐腿便疼的毛病还是他给治好的。

昆明到富民不通汽车,我们只得雇了几匹马,驮着我们和行李前进。马很小,天又下着小雨,路很难走,我们常常要下马牵着它走。从上午出发一直走到傍晚,才到达预订的客栈。

休息一夜,第二天我们就前往河上洞。河上洞在县城西约4千米的螳螂川旁的山坡上,距地面有六七十米。坡很陡,我们边爬边开路。到了洞里一看,那叫一个脏!

① 平彝(yí):现今云南省曲靖市富源县。

点评

虚惊一场。

点评

为了工作和新的考古发现,曾经的考古人历尽了千辛万苦。

点评

写出了那个年代鸦片害人不浅。

洞口处横卧着一具干尸，干尸手里还拿着装鸦片烟的空筒子。我们叫雇来的民工把死尸埋了，又清理了一下现场，按比例测量完洞的平面图后，就正式开始发掘了。

洞里各处我们都发掘了，只有右壁的角落里化石较多。每天我们也不过掘出点兽牙，兽牙的牙根也不全，像被豪猪啃过的。兽牙中有大熊猫、鬣狗、犀、貘、鹿和象的牙齿，这些动物都属于"大熊猫剑齿象"动物群。其他没有什么重要发现。

点评

通过语言描写和动作描写，写出了考古工作的艰辛。

正月十五这一天，天气很热，我们个个汗流浃背，卞美年更觉得喘不过气来。猛然间，他跳入河中，想洗澡凉快一下。我们还没反应过来，他就大叫："别下来！水太凉。"当他爬上岸后，浑身打起哆嗦。我和杜林春赶紧把他背到平地上，雇了匹耕地的马，将他驮回店房。杜上街买药、什么也没买到，丧气而归。此时卞浑身滚烫，我们也没了主意。正在这时，县长来了，他看了看卞美年，说吸口大烟就没事了。我们本来痛恨毒品，但到了这时，也不得不试试。大烟装好了，卞美年不会吸。这时有个当地人吸了足足一口，朝着卞的嘴里、鼻里猛地一喷，接着又如此喷了几次。第二天卞还真好了许多。我问："大烟什么味？上瘾了吗？"他说："要是上了瘾，我回去怎么交代呀，你们也交代不了。"

语言描写

写出了"我"对卞美年的担心以及我们对大烟危害人身体健康的重视。

以后，卞在客栈休息，我和杜带着雇来的民工去挖掘。几天下来，仍觉得没戏，我们便带着这些化石，打道返回了昆明。

在昆明，我们马上给魏敦瑞拍了电报，汇报情况。魏敦瑞也很快回了电报："卞可留云南找新化石点，贾乘飞机速返。"接到电报后，我马上去机场探询。当时昆明只有中德合作的航空公司。该公司有飞机从昆明飞往西安，已经试飞过，还有航空保险。不过一问票价，400块，我直吐舌头。要知道400块银圆，当时可以买下一所小四合院呢。我只好再给魏打电报，魏回电说："不管票价多少，速归主持周口店工作。"

飞机是中德20号，外表很好看。飞机上没有几位旅客，一是票价太贵，二是刚试飞还无人敢坐。当时飞机的座舱不密封，飞到高空时，缺少氧气，乘客非常难受。空中小姐不时拿着一根皮管，往客人的鼻里、嘴里吹氧气。这样到了西安，我又改乘火车返回了北平。

点评

当时的科技不发达，相比之下，我们更要珍惜今天先进的科技成果，并努力成为推动科技发展的人。

我的笔记

日积月累

倾家荡产　胆战心惊　汗流浃背

佳句欣赏

我们当即雇了一条小船，沿江漫漫游荡。船夫悠悠向前划行，只见前方有一片树林，船夫告诉我

我的笔记

们，那就是桃花源了。划至近前，桃花虽不见盛开，却也含苞欲放，看得我们眼花缭乱。

延伸思考

1.1937 年 1 月中旬，"我"和谁一同前往云南？

2.我们途经长沙，凭吊哪位中国地质界的老前辈？

3.西行到了桃源县，是什么让我们有兴致去游览了桃花源？

升为技士

？文前小问号

通过在工作中一边实践一边学习，"我"取得了什么成绩，与此同时，面临着什么危机呢？

我是在 1937 年 3 月 20 日返回北平的，月底就到了周口店。发掘地仍是周口店第 1 号地点。4 月下旬，我们在去年 11 月发现第二个头盖骨的地方附近半米深处，又发现了一个眉骨。从碴口上看，该眉骨像是第二个头骨上的。第二天，我派人回北平，将眉骨交给了魏敦瑞。

没几天接到他的来信，信中说："感谢你送给我这项材料。……上眉骨确实属于第二个头骨，我已把它复了位。对这里的看法和我一样，或者可能发现更多的东西。"

 点评

坚持不懈地努力，总会有收获。只有通过一点点地积累，才能取得成功。

周口店又有了新的人类化石发现，美国洛克菲勒基金会又资助了新生代研究室数万美元。从此，大家抱着更大的希望。

希望归希望，这一年的发掘除了那件眉骨外，并无更多的人类化石发现，所以发掘工作到 6 月草草结束。发掘中倒随处可见大型石器、小型石器以及破碎的骨器。很显然，这一地层当时是人类居住过的。除此之外我们还发现了一些哺乳动物化石。

除了在第 1 号地点发掘外，我还派了发掘能手柴凤歧领一些人前往灰峪进行小规模的发掘。灰峪这个地点，是我们为了寻找新的化石地点背着地质调查所调查时发现的。它离周口店很远，但我们仍把它编为"周口店第18 号地点"。因为周口店的发掘款是专款专用，在支出的单据上不打上"C.K.T"（周口店的英文简称）三个字母，美方是绝对不会支付任何钱的。

这个年度的发掘虽然没有前一年那么紧迫，但杂七杂八的应酬很多。由于前一年发现了三个头盖骨，很多人来到周口店参观，其中还有美国某电影公司委托上海电影制片厂来拍电影的。这些人我都要出面接待，我还要当"演员"。

裴文中先生也来信想要周口店发掘的照片，这说明他身在法国，仍非常关心周口店的工作。提到照片，我

又不得不做个补充，我在去云南途中丢了一架照相机，回来后又花了 80 块银圆买了一架柔来弗来相机。现在我还保留着用这架相机拍的老照片。照出来的照片非常清楚，效果颇佳。可惜的是，相片保存了下来而相机早已损坏，被我扔掉了。

这一年对我来说很幸运。由于前一年我工作上颇有成绩，地质调查所破例提升我为技士（相当于副研究员或副教授）。提升技士职位，需上报铨叙① 部批准。批文下来之前所里暂以"调查员"的名义任用我。

点评
努力总会有收获。

此外，地质调查所还发给我奖金 200 元。这个消息是我在云南时接到新生代研究室秘书乔石生的信知道的。他在 2 月 22 日的信中说："……昨 19 日接南京总所寄予郁生兄函，并由浙江兴业银行汇来奖金 200 元。……特此奉告。南京所来函原文抄录如下：'兹因台端工作勤劳并在周口店采集化石，管理研究颇有成绩。特发给奖金 200 元，即祈查收。此致贾兰坡君。地质调查所启。1937 年 2 月 16 日。'"

又提升，又得奖金，可谓双喜临门，但此时的我还真乐不起来。因为我们从报纸上看到并时常听到，由于国民党的不抵抗政策，军队节节败退，日本侵略军已经入侵到北平的家门口了。日寇不断寻衅闹事，并打算大举向华北

点评
当时国家正面临外患，每个中国人都会为自己的国家担忧。回顾历史，我们更要珍惜如今和平幸福的生活。

---

① 铨（quán）叙：旧时政府审查官员的资历，并根据才能、成绩确定级别、职位。

进犯。在这国家和民族危亡的时刻，有谁还乐得起来呢？

6月底，挖掘工作结束，我们照常把化石进行清理、编号、包装，装入大筐中，送到周口店火车站，准备运往北平。7月初的一天，周口店火车站来电话说，去北平的火车不通，情况不明。第二天又来电话说，日本军在卢沟桥向国民党军队挑衅，故意制造事端，恐怕要打仗。我听到这一消息，当晚召集技工和工人开会，商量对策。大家都对日本鬼子恨得咬牙切齿。最后决定，愿回北平的，大家一起走；不愿走的，仍旧慢慢发掘第4地点。不过我要求他们把挖掘过"北京人"的地点用土石回填并夯实①，不给日本人留下蛛丝马迹。

日积月累

咬牙切齿 蛛丝马迹

延伸思考

1. "我"在哪一年被提升为技士？

2. 当"我"又提升又得奖金，双喜临门时，为什么还乐不起来？

3. 谁在卢沟桥向国民党军队挑衅，故意制造事端？

---

① 夯（hāng）实：用夯砸实（地基）。

反问

在这样民族危亡的时刻，每个人的心情都很沉重。通过反问，表明"我"对国家的担忧与对侵略者的愤怒。

点评

既写出了对日本侵略者的痛恨，也告诉我们要保护国家的文物和机密，可见当时考古人的不易与艰辛。

我的笔记

周口店日寇大开杀戒

文前小问号

　　日本侵华时，占我土地，掠我钱财，害我百姓，他们的暴行令人痛恨，他们在周口店是怎样大开杀戒的呢？

　　我们回北平的一行人都轻装上路，沿着西山北行，整整走了两天，第二天傍晚才抵达西直门。此时西直门只开了个门缝，两边站着两排国民党兵。在城门口他们盘问了我们半天，才放我们进去。我回到自己家已经很晚，家里人因没有我的消息也正在提心吊胆。

　　两天后的夜里，我们听到了枪声。早晨出家门一看，满街都是帽子上带着屁帘子的日本兵，有的排着队，大皮鞋使劲跺着地走，像是对老百姓示威。日本鬼子占领

点评

　　看得出来，当时已经戒备森严，形势非常紧张啦！

103

了北平后，开始大家不敢也不想出门。又过了两天，杨钟健派人到家找我，要我到娄公楼去上班。我刚一上街，就碰上了日本兵，心里骂道："真他妈的倒霉，碰上了小日本。"

到了娄公楼，见到了杨钟健和卞美年，向他们谈了周口店的安排，他俩认为我处理得很好，就放下心来。

说是上班，其实大家也无心干活儿。每天大家都谈论战事，一有飞机飞过就跑出去看，看到的多是带着膏药旗的日本飞机，只得啐（cuì）口唾沫，唉声叹气地回到办公室。尽管这样，大家一致认为，日本人是"兔子尾巴长不了"，很快就会完蛋的。

10月份起，地质调查所北平分所的人员也陆续南迁。杨钟健行前嘱咐我，要我守住这个摊子，因为新生代研究室的工作没有结束。万一待不住了，也南下去与他们会合。

从周口店工头赵万华的来信中，我得知周口店的大部分工人也逃离了，只剩下他和董仲元、肖元昌三人。后来张海泉、张文斌回到了周口店，他们几个人留在那里共同看守。时常有大队的日本兵在那里骚扰。还有几个身着西服的人，拿着《中国地质学会志》第13卷第3期及《中国原人史要》等书，在第1地点拍照和测量。我想，日本人也要对中国猿人遗址下手了。

语言描写

从这句话中，我们不难看出作者对日本兵的厌恶之情。

读书笔记

点评

看来当时日本侵略者对中国的文化遗产也想占为己有，可恶！

南下的人，时有信来。信中流露出对过去在一起工作时光的怀念。杨钟健的来信也是嘱咐工作。正在大家没着落的时候，11月下旬，裴文中在法国获得了博士学位后回到了北平。大家相见十分高兴。当时日本人虽然占领了北平，但并没占领协和医学院，所以我们仍可在娄公楼上班。裴文中一来，按他的年龄、资历和学历，自然而然成了我们新生代研究室的头头。

1938年，日本入侵越来越向内地深入。我们留在北平的人，为了与南下的人通信方便，都改用了假名。比如我的名字改为"贾若"。来信中朋友称我为若兄、若弟。给迁到重庆的地质调查所的同事去信，收信人地址中不能出现"重庆"二字，但只要写上四川巴县北碚（bèi），他们还可以照常收到，只是越来越困难了。

南下的人虽然离开了北平，但并没有停止工作。来信中他们对留在北平的家属表示担心。我和乔石生也常常去这些人的家中探望，嘘寒问暖，力所能及地帮助他们解决生活上的困难。我们这样做，对于家在敌人铁蹄下而身又远离亲属、在凄风苦雨①中工作着的朋友，也算是个安慰吧。

5月中旬，周口店传来了令人痛心的消息，周口店的看山人赵万华、董仲元和肖元昌被日本鬼子杀害了。

---

① 凄风苦雨：形容天气恶劣，后用来比喻悲惨凄凉的境遇。

点评

随着当时日本侵略的不断加深，中国的形势越来越紧张和危险了。

点评

日本侵略带来了惨无人道的杀戮，我们绝不能忘掉这段屈辱的历史，要以史为鉴。

与他们一起被杀害的有 30 多人。我怀着沉重的心情，把这一噩耗报告给了德日进，以及迁到长沙的地质调查所的领导们。德日进听到这一消息时，正在打字。听后，他站了起来，低下了头，默哀了一分钟，然后走出办公室。

地质调查所的领导也来信嘱托我，要我妥善办理被害人抚恤之事。他们以我的名义给协和医学院总务长、美国人博文（Trervor Bowen）写了一封信，说明了三位工人被杀害的情况，为他们申请抚恤金。6 月 9 日，博文下发了公函，特发给死难者家属每人一年的工资，以兹抚恤。当我把情况告知长沙的地质调查所的领导和同事时，他们对日本鬼子的残害行为表示非常愤恨，同时对这三位工人的家属能得到抚恤而感到一丝安慰。

延伸思考

1. 日本鬼子占领了北平后，杨钟健派人到家找"我"，要"我"到哪去上班？

2. 日本占领北平后，周口店只有谁还留在那里看守？

3. 1938 年 5 月中旬，周口店的看山人谁被日本鬼子杀害了？

"北京人"失踪

？文前小问号

　　"北京人"的发现震惊世界，它在考古学研究方面具有极其重要的意义。日本入侵时，考古专家也想到它可能被掠夺或破坏，做了细致的安排，可最后怎么还是会丢呢？现在找到了吗？

　　过了一段时间，我去协和医学院娄公楼上班。这时日本人已经占领了协和医学院。医学院大门口有了站得笔直、持着长枪的日本兵站岗。日本人刚占领时还宣布：北平协和医学院所有工作人员，不准擅离职守。以前发的出入证还有效，我掏出来一晃，大大方方地进了门。

　　回到协和医学院娄公楼108室，听到的第一个消息是："北京人"化石丢了！这使我惊得目瞪口呆。怎么会

疑问

　　这真是让人紧张而痛心的消息，怎么回事呢，能找得回来吗？

呢？不是早都做了安排吗？

在周口店发现的所有人类化石，包括"北京人"和山顶洞人以及一些灵长类化石，其中还有一个非常完整的猕猴头骨，都保存在东单三条路北、北平协和医学院进大门西边楼（也称 B 楼）里的解剖科。最初步达生和接替他工作的魏敦瑞都在这里办公。化石就存放在办公室的保险柜里。

1941 年，日美关系越来越紧张，许多美国人及侨民纷纷离开中国回国。魏敦瑞也决定离开中国去美国自然历史博物馆，继续研究"北京人"化石。他动身前就找到他的得力助手胡承志，要胡把所有的"北京人"化石的模型做好，他准备带到美国去研究。胡承志有些犯难，因为要做好全部模型也不是件容易的事。"这需要时间。"胡说。魏说："时间紧迫，愈早动手愈好。先做新的，后做旧的。时间来不及，只好做到哪里算哪里。"之后，胡承志加班加点赶制"北京人"标本模型。

胡承志是我的好朋友。他 1931 年春到北平协和医学院解剖科工作。他深知要想在这里站住脚，除了自己努力工作外，还必须学好英语。他就是这样去做的。步达生看这个青年人很有出息，就在医学院里找了个外国人，教他制作模型。据说这个外国人每教一次要收取 10 美元的学费，这些学费当然由公家支付。可是没几个月，

点评

说明当时形势越来越紧张了。

语言描写

表现了当时在情况越来越危急的时刻，大家努力保护"北京人"的情况。

108

这个外国人不教了。步达生问为什么，他说："胡太聪明，他现在做的模型已经比我做的还要好了，我还教他什么呢？"

我曾到 B 楼看过胡制作模型。他制作每件模型都一丝不苟，精益求精，在每件模型上都刻上发现人的名字。他制作的模型与原件相比，一般的人很难辨出真假。说他是一名制作模型的高手一点儿也不为过。中华人民共和国成立后他调到中国地质矿产部地质博物馆任保管部主任。现虽已退休，但是我们之间仍没断过来往。有时我们在一起，还经常谈起"北京人"化石丢失的往事。

"北京人"化石丢失，世界各地的新闻媒介传说纷纭，不但出了书，还拍过电影、电视剧。但所有这些书的内容，多与事实不符。

事实是，胡承志按照魏敦瑞的嘱咐，马不停蹄地加紧赶制模型。魏还对胡说，像"北京人"化石这样珍贵的标本留在日本人占领区很不安全。又说，要同翁文灏先生商量一下，最好把"北京人"化石运出沦陷区。最初他打算委托美国大使詹森（Janson），把化石先运到美国暂为保管，等战争结束后再运回中国。詹森不同意，因为在发掘周口店时，中美双方订有协议：不得把发现的人类化石带出中国。后来还是翁文灏以官方的名义委托詹森把化石运往美国，他才同意了。

点评

再次证明了胡承志制作的模型很精致。

点评

"北京人"化石若丢失，许多科研将失去有力的佐证。

魏敦瑞在娄公楼 106 号举行了告别会，不久就举家回了美国。没多久，裴文中告诉胡承志，"北京人"化石要全部装箱运走，叫胡做准备。胡承志接到通知，找了解剖科技术员吉延卿一起开始装箱。

箱子是两个白茬木箱，一个大一点儿，一个小一点儿。他们先用白绵纸把化石包好，再用卫生棉和纱布裹上，包上白纸后放在小木盒内，盒内还垫上了瓦楞纸，最后分装在两个箱子里。在两个箱子上，他们还分别写上 A、B 字样，然后将箱子送到了协和医学院总务长、美国人博文的办公室。而当天博文就派人把箱子转送到了楼下的 4 号保管室内。大约在 12 月 8 日之前的三周内，箱子被运走。

据说，化石被美国海军陆战队运往秦皇岛，准备搭乘美国来秦皇岛接送海军陆战队的哈里森总统号轮船，一同前往美国。但是哈里森总统号轮船在从马尼拉开往秦皇岛的途中，正赶上太平洋战争爆发，这条船被日本人击沉于长江口外，所以这批化石根本没上船。负责携带这批化石的美国军医弗利（Willim T. Foey）在秦皇岛被日本军俘虏，从此这批世界文化瑰宝就失踪了，至今仍是个谜。

日军占领了协和医学院后不久，日本就派了东京帝国大学人类学家长谷部言人和高井冬二来协和医学院寻

找"北京人"化石。当他们打开了 B 楼的保险柜，看到里面装的全是模型时，才知道"北京人"化石被转移了。日本宪兵队到处寻找"北京人"化石，为此很多人都受到了牵连。

受到牵连的人中有协和医学院解剖科的马文昭教授。他被带进了日本宪兵队。他可算是"二进宫"了，一次是为"北京人"化石，一次是为孙中山先生的内脏。孙中山先生的内脏后来在病理科找到了。其实这两件事都与他无关。再就是协和医学院总务长博文，就连推车运送化石到 F 楼 4 号保险库的工人常文学，也都被抓进日本宪兵队进行了审讯。宪兵队还去了裴文中的家，对他进行了讯问，并暂时没收了他的"居住证"。在那个时候，没有居住证要想离开北京是根本行不通的，连上街都会感到困难。

两个白茬木箱里装的是哪些东西呢？有幸的是我手中保存了一份用英文打成的装箱单的副本。装箱清单上一份注有"A"、一份注有"B"的记号，上面还有几个中文字——"装箱目录"。从中文字的笔迹上看，是新生代研究室秘书乔石生写的。我曾把这份装箱单译成了中文，以《中国猿人化石的失踪及新生代研究室在抗日期间的损失》为题，写了一篇文章，发表在《文物参考资料》第 2 卷第 3 期上，现再抄录如下：

读书笔记

第一，木箱

中国猿人（即"北京人"）的牙齿（分装 74 小盒）

中国猿人的牙齿（分装 5 大盒）

中国猿人残破股骨 9 件

中国猿人残破上臂骨 2 件

中国猿人上颌骨 1 件（山顶洞底部发现）

中国猿人上颌骨 2 件

中国猿人锁骨 1 件

中国猿人月骨 1 件

中国猿人鼻骨 1 件

中国猿人腭骨 1 件

中国猿人寰（huán）骨 1 件

中国猿人头骨碎片 15 件

中国猿人头骨碎片 1 盒（属于"L"地点之头骨 I 和 II）

趾骨 2 小盒（似非中国猿人者）

中国猿人残破下颌骨 13 件（B-G- 及 M-等地方）

褐猿（即猩猩）牙齿 3 盒

第二，小盒

中国猿人"L"地点之第二头骨（女性）

第三，小盒

中国猿人"L"地点之第三头骨（男性）

第四，小盒

中国猿人"L"地点之第一头骨（男性）

第五，小盒

中国猿人"E"地点之头骨

第六，小盒

中国猿人"O"地点头骨

第七，小盒

山顶洞人男性老人头骨，编号为 PA101

第八，小盒

山顶洞人女性头骨，编号为 PA102

第九，小盒

山顶洞人女性头骨，编号为 PA103

以上第一、二、三、四、五、八、九等装入一只大木箱里，箱皮之上除了写"A"字之外，并无任何其他字样。第六、七两小盒则装在另带"B"字的箱子里。"B"箱里除第六、七小盒之外，还装有下列各物：

　　猕猴头骨化石 2 件

点评

　　这么多重要的化石文物丢失了，真让人痛心。

猕猴下颌骨化石 5 件

猕猴残破上颌骨 3 件

山顶洞人下颌骨 3 件，编号 PA104、PA108、PA109

山顶洞人脊椎骨一大盒

山顶洞人盆骨 7 件

山顶洞人肩胛骨 3 件

山顶洞人髌骨（膝盖骨）3 件

山顶洞人趾骨 6 件

山顶洞人骶骨 2 件

山顶洞人牙齿 1 玻璃管

山顶洞人残片 3 件

点评

这些可以称之为世界性遗产的文物化石，竟然都被日本侵略者损毁了，太可恨了！

除了丢失这两箱世界人类遗产之外，我亲自带领技工们装的 67 箱动物化石、30 多箱书籍以及 10 多箱清华大学袁复礼先生存放在新生代研究室的爬行类化石和私人文稿，也都遭到日本侵略者的捣毁或付之一炬①。

这 67 箱动物化石包括："北京人"遗址的肿骨鹿、斑鹿、犀牛、鬣狗及其他动物化石；第 9 地点和第 13 地点的鹿类、水牛、犀牛及介壳化石；第 14 地点的鱼化石；湖北宜昌新恐角兽头骨的左半部；"北京人"遗址的

---

① 付之一炬（jù）：给它一把火，指全部烧毁。也说付诸一炬。

裴氏转角羚羊颈骨；周口店第 3 地点的介壳；安阳绿龟；山东山旺古犀的前后肢骨及植物化石；山顶洞赤鹿角；山西武乡的中国肯氏兽；河南渑池水牛以及山顶洞的熊、虎、獾、兔、狼、狐等化石。这些化石都是我国科学工作者多年辛勤工作的成果，由于没能及时运往安全地点，遭到日本侵略者的破坏。

1950 年年底，中国科学院收到西安韩德山先生寄来的 4 件化石，经杨钟健先生鉴定，一件是水牛的距骨，三件是鹿的距骨，均出自"北京人"地点。杨钟健跟我谈了这件事，我们都感到奇怪。"北京人"地点的东西怎么跑到西安去了呢？杨马上写信向韩德山询问。

1951 年 1 月 22 日接到了韩德山的回信。信中说："我 1931 年 1 月考入协和医学院食物化学系服务，两年后调到寄生虫系服务，直到 1942 年 1 月 31 日协和医学院被日军关闭。以后转到了北平卫生研究所工作。"

"我曾听说过新生代研究室保存的化石甚多，1942 年 4 月有一队日本宪兵住进了协和医学院娄公楼，因急于用房，日军下令把书籍和枯骨化石装入载重汽车，拉到东城根下（东总布胡同东口，小丁香胡同东口往北十数步）焚毁。当时我自卫生研究所下班回家（我家住大牌坊胡同东口，离东城根很近），听说日本宪兵烧协和的书，即前往观看，确见有些书籍正在燃烧，但大部分书

点评
这些都是我国科学工作者多年的工作成果啊！

疑问
又得到了"北京人"化石的相关信息，难道还能找回来吗？

读书笔记

籍均被附近的贫民抢去。我曾亲眼看见贫民将书按斤卖给打鼓的①。大批骨骼已被砸得粉碎，散布满地。因为有宪兵在场，我不敢多取，只偷偷地捡了四块……"

韩德山先生的来信，不正好说明了日本侵略者犯下的滔天罪行吗？！

值得庆幸的是，杨钟健的一个小箱子没有丢失。南下前，杨钟健亲自将小箱子交给我，说："这里有一件毛泽东先生由长沙写给我的信，很重要。千万别叫别人看见，更不能落到日军手里。"我考虑再三，到处观察，不知藏到哪里好，最后决定把它放在库房楼顶的天花板内。那天晚上，等大家下班之后，我找来了老实可靠的老技工陈德清，我俩把箱子抬进了库房。我找来梯子，爬上去，打开天花板的一块维修孔，钻了进去。陈在下面把箱子用绳拴好，让我拽上去。里面很黑，我定睛待了一会儿，才能影影绰绰看清一些东西。我连拖带拽，走进了40多米，才把箱子放在一架人字柁②的后面。我觉得这里很保险，放好后顺着原路退了出来，又照原样把天花板对好。下来后，我对陈说："这些都是杨先生多年的心血写成的手稿，绝不能丢失。"陈也明了似的点了点头，没说话。

---

① 打鼓的：旧时北京收旧货的人。
② 柁（tuó）：木结构屋架中顺着前后方向架在柱子上的横木。

10 年后，杨先生突然问及那只箱子的事，我带他到了协和医学院。经过新的总务长陈剑星的批准和他派的两个人帮忙，我们才把箱子从天花板内取出来。杨先生看到箱子后，心情很激动，里面装的毛主席当年写给他的信也完好无损。他把这封信裱成条幅挂在家中的客厅里。后来条幅被送到了中央档案馆，中央档案馆又复制了一件交给杨钟健，作为永久的纪念。

目瞪口呆　一丝不苟　精益求精　马不停蹄
付之一炬

1. 在周口店发现的所有人类化石都存放在哪？

2. 魏敦瑞让他的得力助手谁把所有的"北京人"化石的模型做好？

3. 负责携带"北京人"化石的美国军医谁在秦皇岛被日本军俘虏？

点评

　　万幸这个箱子能保存下来，太好了，真的让人很激动！

我的笔记

重振周口店

? 文前小问号

北平解放后，周口店的挖掘工作还将继续，被日本侵略者摧毁的周口店是怎样一步步走向正轨，恢复工作的？

点评

北平终于解放了，我们一起来看看如何重振周口店遗址的吧。

点评

这个人是谁呢？既然在这里格外强调了一下，肯定是个重要人物。

1949 年 1 月北平解放。中国人民解放军正以摧枯拉朽①之势，向国民党反动政府盘踞着的南京挺进。全国解放即在眼前。

北平刚解放不久，人民政府向各个机关派驻了联络员。地质调查所北平分所也来了联络员赵心斋同志。有一天，陈列馆看门的老张头找到我，说有人要参观陈列馆，叫我去接待一下。当时的陈列馆在丰盛胡同 3 号，

① 摧枯拉朽：摧折枯草朽木，比喻迅速摧毁腐朽势力。

前门关闭，只开后门，斜对着兵马司9号分所的大门。这个陈列馆平时不开放，只供学校和地质部门的学生与研究人员学习参考之用。看门的仍是过去的老人——老张头。

老张头说来参观陈列馆的是个老人。我到时，老人正在门口等候。见面握手，彼此客气了一番。只见老人身穿蓝布制服，非常和善。我陪他边走边看。他问了很多问题，我都一一仔细地做了回答。当他看到周口店山顶洞发现的许多副脊椎动物的骨架后，说："周口店你们还应当发掘啊！"我说："中华人民共和国刚成立，国家正处在百废待兴的时刻，恐怕顾不上这项工作。"他说："这也是我们应该做的事。他们有人不懂，可以跟他们说清楚发掘的必要性，一次不行再说，再说不行，可以向上边反映嘛。"临走他在签名簿上签了名。

我回所后去找赵心斋，说："这老头来头可不小啊！"我把老人说的话向他学舌了一遍。赵心斋听后叫我拿签名簿给他看。他一看，"哎呀"了一声："这是共产党的四老之一徐特立呀！"我想，怪不得他说话那么硬气。

徐老参观过后一个多星期，赵心斋叫我做个详细的周口店发掘计划。我心想，现在刚解放，各个方面都需要钱，就做个小打小闹的计划吧。这样既能有点儿工作干，又能为国家省点钱。没想到计划修改了几次都没能通过，还是赵心斋亲自动手把经费数字增加了很多，才最后通过了。

我记得当时的薪金是用小米计算的，我每月大概是900斤小米。当然也有超过千斤和更高的。虽然这不如旧社会薪金高，但旧社会物价飞涨，有时一天三变，尽管薪水多，也赶不上物价的上涨。

周口店的计划批下来了，由我当队长，刘宪亭任会计，组成了一个发掘队。我们到了周口店一看，面目全非。原来的房子被日本鬼子拆毁后，改修成了工事，满地杂草丛生，遍山荒芜不堪。这又不由得使我想起了被日寇杀害的赵万华、董仲元和肖元昌。他们的音容笑貌，历历在目。这怎么不令人痛恨日本军国主义呢！我真希望在房山县①西门外立一座石碑，刻上被日本鬼子杀害的死难者的名字，以示对他们的永久怀念，教育子孙后代不能忘却这段历史。

这里没法住了，我们来到了琉璃河水泥厂采石场宿舍，暂时住下。首要的工作是找到过去在周口店挖掘的技工。先找到的是乔瑞，我们与他协商了发掘和报酬的事。他说他在灰窑做工每天是5斤棒子（即玉米），我们给他5斤小米，这要比灰窑的工钱高，他同意了。两天之后，他找来了一批工人，随后发掘工作就正式开

点评

终于重新开启周口店发掘工作了，太好了！要知道，当时国家百废待兴，还能这么重视这项工作，着实不易。

点评

即使条件艰苦，也无法阻挡科学工作者的热情。

---

① 房山县：今北京市房山区。

始了。

我们先要把 1937 年回填的土重新挖掘出来。挖土中，在"北京人"化石出土地点的表面上突然发现了 5 枚人牙。但我们看得出来，这些牙齿并非出于原地层，而是出自上部第 4 层（灰烬层），是坍塌下来的产物。不管怎样，这是中华人民共和国成立后的第一次发现，是个好兆头。

没有办公地点和宿舍，工作起来很困难。我回到北京和上级部门商量建宿舍的事，但得到的回答是：野外队不能建房，只能用帐篷或活动木板房。我认为这对我们不适合，我们是固定在周口店搞发掘工作的。

1950 年下半年，我们买了些旧房料，自己动手盖了三间小房。盖房时连裴文中都爬上了屋顶钉椽子。门窗请木匠做，山上有的是石料，马马虎虎就把房子盖起来了。因为我们都是外行，房子盖好后才发现椽子距离大小不等，大家笑个不停。这个房子既成了我们的宿舍，也是我们的办公室，还接待过不少来参观的客人。中间房屋的两侧，都搭了一块木板，作为陈列之用。在这样的条件下，我们住了两年之久。

地质部的前身，中国地质工作计划指导委员会成立之后，新生代研究室在 1953 年改为古脊椎动物研究室，归属于中国科学院领导，1957 年扩大成中国科学院古脊

点评
第一天挖掘就有新发现，真的是好兆头。

点评
自己动手，丰衣足食，虽然条件艰苦，但我们苦中作乐，誓要克服困难。

椎动物与古人类研究所。

　　杨钟健所长陪同竺可桢副院长到周口店参观，他们见办公和住所条件太简陋，指示由科学院出经费，在日寇拆毁的旧址上重新盖起了一座新式房屋，面积有 295 平方米。房屋东边一侧做陈列室，西边做办公室和住所。为什么要建 295 平方米呢？因为按当时的规定，建超过 300 平方米的建筑要由主管房屋的部门审批，不足这个数的科学院可以自己做主。这里我们还打了一个埋伏呢。有了新的陈列室和办公室、住所，周口店的工作条件有了很大改善。此外，周口店的工作也得到了党和国家领导人极大的关怀和重视，很多国家领导人参观过周口店。裴文中曾接待过刘少奇同志；我也接待过邓小平同志和彭真同志及他的夫人，还有北京市的公安局长等其他领导。邓小平同志在参观中详细地向我询问有关人类的起源问题和今后如何开展工作等问题，我如实做了回答和汇报。他听得非常认真，没听清楚的，还要重新问。

　　在我陪彭真市长及夫人参观期间，有人在周口店村东边太平山脚下发现了个山洞。洞内有各式各样的钟乳石，像石柱、石笋、石幔等，景观非常美丽。彭真当即建议，这么美的洞穴不要为取点石头毁掉，应当加以保护，成为旅游景点。可惜的是，后来这个洞因采石灰岩被毁掉了。

点评
　　办公条件终于有了很大的改善。

点评
　　我们国家领导人都很重视周口店的工作。

读书笔记

还有一次，我正在检查工作，一个青年人跑来告诉我，说叶剑英同志来啦！我赶忙回来接待。会客室里，叶帅一边喝茶，一边听我们讲周口店的发掘史。他谈起话来非常和气，没有一点儿领导人的架子，连我们的生活问题都问到了。最后他参观完挖掘地点，满意地走了。要说最常到周口店来的是我们的老院长郭沫若。他对我们的工作非常感兴趣，有时还亲自动手挖掘。他很随和。

1958年我同北京大学历史系考古专业的师生一起合作发掘，杨所长和郭老突然来了。当时我正在周口店养病，我的老伴夏景修也来到周口店照顾我。郭老可称得上是个才子，他给学生讲话，不做准备，不用讲稿，讲起来滔滔不绝，头头是道。同学们也听得津津有味。这一讲可就到了下午1点多了。

有人把我拉到屋外说："他讲得太久了，恐怕要在这里吃饭了，叫嫂夫人快准备准备吧。"这可把我老伴急坏了。郭老是院长，又是副委员长，要是从外边买回现成的，怕不干净吃出毛病，自己做吧，又没什么菜。没辙了，只好用一点儿蔬菜加瘦肉丝炒了四盘菜，酒家里有；主食是面条，连个卤也没有，就用酱油和醋做了个"氽儿①"，用来拌面。没想到他吃得很香，其实他不是

① 氽（cuān）儿：拌面条的卤汁，也叫"氽儿卤"。

点评

随着参与的人越来越多，重视的人也越来越多，周口店真的重振起来了。

点评

以郭老为代表的老一代领导人，都很热爱工作，不在乎物质条件，这些好的传统我们都应该继承发扬下去。

个在乎吃喝的人。

我的笔记

日积月累

摧枯拉朽　面目全非　历历在目　滔滔不绝

头头是道　津津有味　百废待兴

佳句欣赏

郭老可称得上是个才子，他给学生讲话，没有准备，不用讲稿，讲起来滔滔不绝，头头是道。同学们也听得津津有味。

延伸思考

1. 北平刚解放不久，来参观陈列馆的老人是谁？

2. 中华人民共和国成立后，周口店的第一次发现是什么？

3. 最常到周口店来，有时还亲自动手挖掘的老院长是谁？

一场长达四年之久的争论

？文前小问号

　　在学术研究上，学者之间因观点不同而争鸣是很正常的现象。虽然有时争得面红耳赤，但并不伤感情。对于学术上的分歧，对的就要坚持，不管你是外国的权威，还是中国的权威；错了就要改，不改则误人误己。作者所说的一场长达四年之久的争论会是什么呢？

　　中华人民共和国成立后的首次考古发掘，除了发现的五枚牙齿外，还在山顶洞洞口东侧"北京人"遗址的堆积中挖掘出一块头盖骨。

　　30 年代，我曾在这个地方发现过一块"北京人"的头骨，当时我没再向里面挖。我相信再向里挖，说不定还能找到人头骨的另一半。我把我的想法说给青年人，

✎ 点评
　　新中国首次考古发现的成果颇丰。

他们这样做了，果然发现了一块头骨。虽然这块头骨与1934年发现的那块对不起来，但它给了我们一个最有力的证明，就是"北京人"在周口店生活期间，由前到后断断续续有近50万年，而身体的构造并无多大变化，只是在上部发现的下颌骨前下部出现的"颏三角"可以认为是下颏的"雏形"。

周口店初建陈列馆，得到了竺可桢副院长和杨钟健的大力支持。1952年陈列馆建成后，为了使周口店的发现能早日与参观者见面，我带领全体工作人员没日没夜地工作，有的清理标本，有的布置展台，有的写标签。大家没有一点儿怨言，每个人心中只有一个愿望：把陈列馆布置好，早日开放。回想起当时的工作情景，真使人感到激动和鼓舞。虽说新建成的陈列馆不大，但比起用两块铺板展示标本的情景来，又使人大喜过望了。

预展之前，杨钟健先生来了，他将全部展台展柜都检查了一番，很满意，他对大家说了很多鼓励的话。随后，裴文中先生也来了。当他看到展柜里陈列着一些骨器时，非常恼火。裴问："这些是什么？"我答："骨器。"他叫我们把展柜打开，一边扒一边扔，还说："这也是骨器？"原本我们摆放得很整齐的标本，这下倒好，全乱套了。我也有点儿火了，红着脸争辩说："您的老师步日耶和您自己都承认'北京人'也制作过骨器使用

嘛！这些都是选出来打击痕迹很清楚的材料，怎么说它们不是骨器呢？"那就在预展期间听听别人的意见再说吧！"裴先生不再说什么了，我也转怒为笑，陪他参观了其他部分。等裴先生走后，我又一块块把标本按原样摆放好。

想想刚才的争辩，我觉得我们都不太冷静，特别是我，怎么能对裴先生发火呢？我刚来周口店时，是一个什么都不懂的小伙计，不是他一点一滴地教会了我很多的东西吗？"一日为师，终生不忘"才是道理。我还是应该检查检查自己和我们工作中的不足。

这点小小的不愉快，我没往心里去。当然我更知道裴先生也不会往心里去，他向来都是有意见有看法摆在桌面上的，从不在你背后做手脚。不知怎么，这事传到了杨钟健耳朵里。我回到北京，杨先生问我到底是怎么回事，我把前前后后的经过说了一遍。杨先生很认真，问我碎骨是不是人打制的，是不是骨器。我说："步日耶认为有许多是骨器，我认为没有错。就连您自己研究过的《周口店第 1 地点之偶蹄类化石》（《中国古生物志》丙种第 8 号）一书中所使用的材料中也有许多是骨器。只要我们仔细观察就会弄明白。"

我接着说："一点儿小事过去就完了。"

杨钟健对这个问题十分重视，他认为对骨器的看法

既然有分歧，就应该把问题公开化，加以讨论，否则在一个陈列馆里，各说各的，认识不统一，参观者更搞不明白，总不像话吧。杨先生的想法很合我的心意。我说一点儿小事过去就完了，只是说发火的事。对于学术上的分歧，我也想找个适宜的时机与裴先生争辩争辩。我想人的头脑要围着事实转，不能叫事实围着自己的头脑转。对的就要坚持，不管你是外国的权威，还是中国的权威。错了就要改，不改则误人误己。

当时，我的工作很忙，既任标本室主任，又兼周口店工作站站长，还任新生代研究室副主任（杨钟健任主任），经常跑野外调查，还要搞室内的研究，无暇顾及争鸣的问题。直到1959年，我才在《考古学报》第3期上发表了一篇题为《关于中国猿人的骨器问题》的文章。文中说：

自1933年裴文中教授在中国猿人化石产地发现石器和用火的遗迹之后，又一次引起了学术界的注意。首先为此事来我国的是法国步日耶教授，他在周口店做了几天观察，不仅承认了石器和用火的遗迹，而且认为所发现的碎骨中有许多是加工过的骨器。于同年的冬季，他在北京举行的中国地质学会会议上，对

点评
在真理面前要不畏权威，坚持己见，同时犯错也要知错就改，不能逃避。

点评
提出疑问后，就要通过实践来证明。

石器和用火的遗迹以及骨器的意义做了一次简单报告。后来他再次来我国，又把所发现的碎骨和碎角做了一次研究，写出了一本周口店《中国猿人化石产地的骨角器物》专论，发表于《中国古生物志》。1933 年由步达生、德日进、杨钟健、裴文中诸教授合著的《中国原人史要》一书中，也对中国猿人的骨器做了扼要的阐述。

尽管这个问题在刊物中一再提出，但在考古学界并未得到一致的认识。有人认为碎骨和碎角上人工打击的痕迹有的是用石锤砸出来的，有的是用许多带刃的石器砍斫出来的；砸击或砍斫的目的有时是为制造骨器。但也有人认为，有的骨骼是被动物咬碎的，有的是被洞顶塌落下来的石块砸碎的；虽然有一部分骨骼可能是为中国猿人打碎，但打碎的目的不是为了制造骨器而是为了吃骨骼里面的骨髓。像上述的对立的看法始终也未统一，在我们的古脊椎动物研究所里，一直到今天还存在着不同的意见。

中国猿人化石产地，在高达 40 米的堆积中，都发现过哺乳动物的骨骼化石，而所有的

读书笔记

点评
用"有的……有的……"句式介绍骨器的来源，使内容集中，语势增强。

点评
在考古界中还有很多未解的疑问，需要新时代的青年进一步去发掘，去探索。

化石除了极少数的猪、鬣狗、熊的头骨和斑鹿角（只有一对）之外又都十分破碎。根据破碎的痕迹观察，破碎的原因相当复杂，如果把它们归于单方面的原因，是与实际情况不符的。

裴文中教授在 20 年前也曾把当时新生代研究室里保存的、认为不是人工破碎的哺乳动物化石加以搜集、研究与试验，写出了一本《非人工破碎之骨化石》（1938 年），发表于《中国古生物志》上。他在正文中把碎骨分啮齿类动物咬碎、食肉类动物咬碎、食肉类动物爪痕、腐蚀纹、化学作用、水的作用等六段来叙述，把中国猿人化石产地的一部分碎骨也包括在内。

点评
有理有据。

文章一开始，我就对周口店骨器的研究、不同的意见和看法做了阐述。对于裴文中提出的上述几点原因，我也谈了我的看法。

点评
在观察事物的时候，不能以部分代替整体，也不能用整体概括部分，要全面地看问题。

我认为裴先生提出的关于碎骨的几个原因都有可能，但必须对碎骨和碎角的痕迹加以分析，不能一概而论。即使在同一块骨头上，由不同的原因产生的痕迹也会存在。观察任何事物，都不能以其中的一种现象来掩盖全貌。

洞顶塌落下来的石块把洞内的骨骼砸碎是完全可能的。……砸碎的骨骼一般都看不出打击点，即使偶尔看出砸的痕迹，但它没有一定方向，而且又集中于一点上；同时被砸碎的骨骼，在它的周围还可以找到连接在一起的碎渣。

点评
　　对于骨骼的来源，需要我们做进一步的探究。

人工打碎的痕迹在我们发现的碎骨中有很多。

　　问题在于打碎的目的是什么。有人认为：打碎骨骼是为了取食里面的骨髓。这种说法并非不近情理。……那么，是不是所有人工打碎的骨骼都可以用这个原因来解释呢？我认为不能，因为有许多破碎的骨骼用这一原因就解释不通。

　　我们发现了很多破碎的鹿角，肿骨鹿的角虽然多是脱落下来的，但斑鹿的角则是由角根地方砍掉的。这两种鹿的角，多被截成残段，有的保存了角根，有的保存了角尖。肿骨鹿的角根一般只保存有 12～20 厘米长，上端多有清楚的砍砸痕迹；斑鹿的角根保存的部分较长，

点评
　　从事考古工作是非常困难的，需要从细小的发现中探究历史。

上下端的砍砸痕迹都很清楚，并且第一个角枝常被砍掉。发现的角尖以斑鹿的为多，由破裂痕迹观察，有许多也是被砍砸下来的。在肿骨鹿的角根上，常见有坑疤，在斑鹿的角尖上常见有横沟，很可能是使用过程中产生的痕迹。

有一些大动物的距骨和犀牛的肱骨，表面上显示着许多长条沟痕。由沟痕的性质和分布的情形观察，可以断定它们是被当作骨砧使用而砸刻出来的。

破碎的鹿肢骨发现最多，特别是桡骨和蹠骨①，它们一端常被打成尖状，有的肢骨还顺着长轴被劈开，一头再被打成尖形或刀形。此外还有许多的骨片，在边缘上有多次打击的痕迹。像上述那样的碎骨，我们不仅不能用被水冲磨、动物咬碎或石块塌落来说明它，也同样不能用敲骨吸髓来解释。……敲骨吸髓，只要砸破了骨头就算达到了目的，用不着打击成尖状或刀状，更用不着把打碎的骨片再加以多次打击。特别是鹿角，根本无髓可取，更不能做无目的的砍砸。截断了的肿骨鹿的角根，既粗壮又坚硬，我同意步日耶教授的看法（我并不

---

① 今已不用"蹠"字而改用"跖"。

承认步日耶教授的全部意见，只是承认我认为是可靠的部分），它们可能是被当作锤子来使用的。带尖的鹿角或者是打击成带尖的肢骨，我认为都是当作挖掘工具使用的。

对被水冲磨的痕迹，我认为：

> 被水冲磨的碎骨很多……但是这种痕迹是很容易识别的，绝不会当作人工痕迹来看待。

对于被动物所咬的痕迹，我认为：

> 在发现的碎骨中也存在着被动物咬的痕迹。……特别是啮齿类动物喜欢咬一切东西，不仅咬骨头也咬石头。它们的喜咬是由于门齿无齿根，而又连续在生长，如果不经常摩擦则可使它不便于食而致死亡。……但是被啮齿类动物咬过的痕迹是容易区别的。因为它们都是成组的直而宽的条痕，好像用齐头的凿子刻出来的；条痕之间有左右门齿的空隙所保留的窄条凸棱，而且由于上下门齿咬啃，条痕是上下相对的。咬痕的大小与宽窄，则视动物大小而

点评

对于权威的意见，也要根据自己的经验和思考有所取舍。

点评

要根据自己的思考提出有效的观点。

定。在肉食类动物中，以鬣狗的咬力最强，它们可以咬碎马、牛等大动物的骨骼。这种动物咬碎的骨骼和人工打碎的骨骼虽然易混淆，但是仔细观察，仍然是可以区别开来的，因为牙齿（多用犬齿）咬碎的常常保持着上宽下窄条形的齿痕，而这种齿痕又多是上下相对的。

此外，我在《中国猿人》（1950 年龙门联合书局出版）小册子中写道，周口店还发现了许多自然脱落或砸去鹿角的头骨，它们的面部和头骨底部都被砸掉，只保留了鹿的脑瓢，这样的头骨前后发现有数百个之多。步日耶认为这些头骨是中国猿人用来作为舀水器皿的。我认为"北京人"的头骨情况也是如此。我们发现完整的或比较完整的人头骨共有 5 个之多，它们也都被砸去了头骨的面部和底部，只剩了瓢儿似的头盖，看来也是作为舀水的工具使用过。

裴先生对我的意见提出了反驳。他在《考古学报》（1960 年第 2 期）上发表了一篇文章——《关于中国猿人骨器问题的说明和意见》。文中说：

我个人还有些不同意贾先生 1959 年的说法。我个人认为，打碎骨头，是因为骨质内部结构的关系，骨头破碎时自然成为尖形或刀状。这不是中国猿人能力所能控制的，不是有意识地打成的。这是可以用最简单容易的试验证明的。我们如果将现在的猪的长骨打破，我们可以看看是不是可以成尖状或刀状。这不能成为争辩的问题。

点评

一切分析必须基于科学研究。

文章继续写道：

我自己不反对，周口店一些碎骨上有人工的痕迹，就是最保守的德日进也承认鹿角上有烧的痕迹，也有人工砍砸的痕迹。但是他认为是为了鹿头在洞内食用时，携入有庞大的鹿角不方便，而将鹿角砍砸下来。他的意见是烧了以后，容易砸落，烧的痕迹正可以证明是为了砍掉鹿角而遗弃不食……

点评

对于任何一个小的细节，都要经过仔细的研究，才能得出最后的结论。

文章最后说：

贾先生应当不会忘记自己所说的话，"骨片之中，虽有若干是经人力所打碎，但是有第二步工作的骨器则极少，如果严格地说，连百分之一都不足"，而不一般地讲："将中国猿人产地发现的碎骨化石，逐渐地都加以详细研究，也像石器一样的可分为下列几类工具"，贾先生"连百分之一都不足"的分析，是很正确的；但是把中国人的"骨器"说成"像石器一样的……"则不免失之于过分了。

裴先生的意见，我认为在很多处与事实不符，当然不能把我说服。

我和裴先生前后讨论过不少问题，关于骨器的讨论只是问题之一。关于中国猿人产地石器的性质和中国猿人（今"猿人"一词早已废弃，改学名为"北京直立人"或"北京人"）是否是最早的人这个问题的讨论就长达一年多之久。

因为讨论的都是学术问题，在学者之间因观点不同而争鸣是很正常的现象。有时争得面红耳赤，但并不伤感情。我和裴先生经常用争鸣得到的稿费，一起到饭馆"撮"一顿，杨钟健知道了，也凑热闹地和我俩一起去蹭一顿。

在"北京人"之前是否还有更原始的人类存在的问题上，德日进认为中国不会有比中国猿人再早的人类；而裴文中则认为"北京人"是世界上最早的人类，不会

点评

通过百家争鸣，更能得出较为准确的结论。

点评

对于任何学术问题，都要有自己的思考，不能随波逐流。

有比"北京人"更早的人类了。

我和我的学生，也是好友王建，在深入研究了周口店"北京人"使用的石器，特别是用火的遗迹后，认为裴先生的看法不正确。他这种看法是关上了问题的大门，不利于本门学科的发展。因而我们以《泥河湾期的地层才是最早人类的脚踏地》为题，在《科学通报》1957年第1期上发表了一篇短文。

泥河湾期的标准地点在河北省西北部的阳原县境内，为一河湖相沉积，由沙砾和泥灰质土组成。经过研究论证，泥河湾期所产的重要哺乳动物化石，其时代比"北京人"化石地点发现的动物化石要早得多，并且它们还是相互衔接的。因此，我们在短文中指出：

> 中国猿人的石器，从全面来看，它是具有一定的进步性质的。我们从打击石片上来看，中国猿人至少已能运用三种方法，即摔击法、砸击法、直接打击法（锤击法）。从第二步加工上来看，中国猿人已能将石片修整成较精细的石器。从类型上来看，中国猿人的石器已有相当的分化，即锤状器、砍伐器、盘状器、尖状器和刮削器。这种打击石片的多样性和石器在用途上的较繁的分工，无疑标志着中国猿人的

点评

这是科学研究的方法和态度，值得我们好好学习。

分类别

通过分类举例说明，很清晰地证明了中国猿人的石器的进步性质。

石器已有一定的进步性质。虽然如此，但也不容否认，中国猿人的石器和它的制造过程还保留着相当程度的原始性质。

人类是否有一个阶段是用"碎的石子，以其所成的偶然形状为工具呢"？肯定是有的。但事实证明，这种人类不是中国猿人，而应该是中国猿人以前的、比中国猿人更原始的人类。假若没有这样一个阶段，就不可能有中国猿人那样的石器产生。因为事物是由简单到复杂、由低级到高级而发展的。同时很多事实表明，人类越在早期，他的文化进步越慢。那么，中国猿人能够制造较精细的和种类较多的石器，这是人类在漫长岁月中同自然做斗争的结果。由此可见，显然与中国猿人时代相接的泥河湾期还应有人类及其文化的存在。

我们还从中国猿人能够使用火、控制火，以及中国猿人的脑量和体质几个方面证明，中国猿人不可能是最原始的人。

20世纪60年代初期，裴文中先生对我们那篇短论进行了反驳，他以《"曙石器"问题回顾》为题，在《新建设》杂志1961年7月号上发表了一篇文章。文章

很长，又引用了不少外国的材料，其中有一段话，才是他的重点所在。他在文章中说道：

> 至于说中国猿人石器之前有人工打制的"石器"，我觉得这种说法也难以成立。周口店第13地点的时代是要比第1地点较早一些、但周口店第13地点的石器，我们始终认为它仍然是中国猿人制作的。而且也只有1件石器，虽然它的人工痕迹没有人怀疑，但不能说是一种文化，或者说是中国猿人文化以外或以前的一种文化。更不能证明中国猿人之前，存在着另一种人类，如莫蒂耶所说 Homosinia（半人半猿）之类的"人"一样。
>
> 至于说中国泥河湾期（即更新世初期）有人类或有石器，我们应该直率地说，至今还没有发现。同样的问题，也就是"曙石器"问题，在西方学者中曾争论了近百年，也有许多人尽了很大的努力寻找泥河湾期（欧洲维拉方期）的人类化石和石器，但没有成功。如果欧洲的科学发展程序可以为我们借鉴的话，我们除了在一些基本原则问题上展开"争鸣"以外，是否可以做一些有用的工作，如试验、采

读书笔记

点评
裴文中先生的反驳也很有依据，那到底是谁说的对呢？我们继续往下读。

点评
实践出真知。

集工作？这比争论现在科学发展还没到达解决时间的问题，或比在希望不大的地层中去寻找有争论的"曙石器"，可能更有意义一些。

点评
科学研究就是这样，百家争鸣，互相促进。

我和裴文中对于"北京人"是否是最原始的人的争论，引起了很大的轰动。《新建设》《光明日报》《文汇报》《人民日报》《科学报》《历史教学》《红旗》等报刊上都发表了对此争鸣的文章和意见。根据我的回忆，参加这场争鸣的人，除了我和裴文中二人外，还有吴汝康先生、王建先生、吴定良先生、梁钊韬先生、夏鼐先生等。大家都认为中国猿人不是最原始的人。

点评
科学研究的成果，是通过不断研究和积累才形成的。

我对"北京人"不是最原始的人类的认识，并非从20世纪50年代中期才开始，而是从我主持周口店发掘工作之后开始的。在工作中边干边学习，我对所干的这行产生了兴趣，加深了认识，对"北京人"及其文化的"最原始性"产生了疑问。这个疑问是看见"北京人"遗址中有成堆的灰烬而引出的。

火对人来说，有着有利的一面，也有着有害的一面。能够用其有利的一面而避其有害的一面，绝不是人类在很短时期内所能办到的。我们能够想象得到，最初的人类遇见山火时必然惊慌万分，到处逃窜。在发掘中，我们看见在一块巨大的石面上，有的灰烬成堆，灰堆中还

有烧骨。灰堆的存在，证明了当时"北京人"已经能够控制火，并使火不四处蔓延。从认识火、利用火到控制火这一进步过程，不可能是最早的人类一下子达到的，这是人类从实践到认识、从认识再到实践反反复复长期累积的结果。

再拿石器来说，"北京人"不仅能打出很好的石片，而且还能利用石片经过再加工，修理成适手的工具，这绝不是最初的人类所能办到的。

说石器没有分工是不可能的。比如制造的大型砍斫器（也称砍砸器）就不可能当作只有几克重的尖器来使用；反之这种小尖状器也不可能当作大型砍斫器来使用。特别是有一件石锥形长尖状物，它的一端打制成长尖状，一端是扁平状，这无疑是件石锥。至于当时的"北京人"锥什么东西，我们还没办法搞清楚，但对"北京人"打制的技术，我们没法怀疑是已有所进步了。这种进步也绝不是最初人类就能一下子掌握的。也就是说，这是人类为了自己求得生存，在与大自然的搏斗中长期累积经验的结果。

想法归想法，科学是要以事实为依据的，争来争去，没有证据，也是枉然。到哪里去找证据呢？我思想上也背了很重的包袱。找不到证据，无法向人们交代，好像欠下了一笔债，愁苦难言。

点评
对火的使用分析得很全面，也很符合人类认识事物的规律。

点评
科学要以事实为依据，这就是科学精神，那么去哪里找证据呢？这的确是一个难题。

引用

这篇文章的发表虽不是最终结果，但终于给"北京猿人不是最原始的人"这一观点以有力的证明。

1962 年夏鼐先生在《红旗》第 17 期上，发表了《新中国的考古学》的文章，其中有这样一段话：

> 1957 年山西芮城县匼河出土的石器，据发现人说，比北京猿人还要早一些。现在我们可以将我国境内人类发展的几个基本环节联系起来。最近，关于北京猿人是不是最原始的人这一问题，引起了学术界热烈的争鸣。有的学者认为："北京猿人已知道用火，可以说已进入恩格斯和摩尔根所说的人类进化史上的'蒙昧期中期阶段'，不会是最古的最原始的人。匼河的旧石器也有比北京猿人更早的可能。"

点评

科学研究就是互相争鸣，互相讨论，这样的精神是前进的巨大动力。

到了这时，这场争鸣才算"刹了车"。虽没得出最终的结果，但这场争鸣对我们来说是一次大促进，它给我们搞这门学科的研究带来了极大的动力。为寻找比"北京人"更早的人类遗骸和文化，我们爬山、涉水、钻山洞，拼命地工作，为这门科学的发展带来了新的曙光。

1952 年陈列馆建成后，为了使周口店的发现能早日与参观者见面，我带领全体工作人员没日没夜

地工作,有的清理标本,有的布置展台,有的写标签。大家没有一点儿怨言,每个人心中只有一个愿望:把陈列馆布置好,早日开放。回想起当时的工作情景,真使人感到激动和鼓舞。

延伸思考

1. 在周口店发现了一块头骨,虽然它与1934年发现的那块对不起来,但它能证明什么?

2. 谁看到展柜里陈列着的一些骨器时非常恼火?

3. 一场长达四年之久的争论是关于什么内容的?

寻找比"北京人"更早的人

?文前小问号

有所猜测和推想就要寻找证据，考古学研究要想证明相关的猜测，就要靠挖掘寻找化石。"我"是用什么证明有比"北京人"更早的人的？

点评
中国地域辽阔，不同地区会有着不同的文化传统。

点评
作者真是一个对待工作认真、严谨的人啊！

丁村旧石器地点的发现和发掘，给我们带来了新的信息。从石器的特点来看，丁村石器代表了一种特殊的文化，这是黄河中下游汾河沿岸人类所特有的文化。它证明了旧石器文化在中国有着不同的传统，并非只有周口店"北京人"一种传统。"丁村人"的时代要比周口店"北京人"的时代晚。

我说过"北京人"不是最早的人类，我就一定要找到更早的人类，这也是我最大的心愿和目的。当时我的职务很多，有时影响了我到野外工地去，为此我还和杨钟健先生发过几次脾气。但他总劝我不要着急，将来再说。

1957 年和 1959 年，为了配合三门峡水库的建设，中国科学院古脊椎动物与古人类研究所（原中国科学院古脊椎动物研究室，1957 年改为现名）在那一带做了许多工作。从所发现的材料中可以看出，那一带是研究第四纪地质、哺乳动物化石和人类遗物的重要地点。经过考证，我们把匼河一带作为 1960 年度的工作重点。1960 年 6 月，由我带队，同往发掘的有王择义、顾玉珉、刘增、胡仲年、王奎昭、张引成、李毓杰以及山西省文物管理委员会的王建等先生。发掘的重点选定为 60：54 地点。同时还派人在附近搜寻新的地点。

60：54 地点即在匼河，那里的地层剖面很清楚。最下面是淡褐色黏土，其时代应为距今 100 多万年的更新世早期。在这上面是含有脊椎动物化石和旧石器的桂黄色的砾石层。这个砾石层有 1 米厚。再往上是 4 米厚的层次不平的交错层。这层之上为 20 米厚的微红色土，其间夹有褐色土壤和凸镜体薄砾石层，最上面是很晚的细沙和沙质黄土。

在为期一个半月的发掘中，我们发现了扁角大角鹿、水牛、师氏剑齿象等哺乳动物化石。发现的石制品

点评

终于有新的发掘地和任务了，不知道这次能否发现有力的证据呢？

点评

这次的发现也不少啊，还有不少古代哺乳动物的化石呢！

是以石片为主，有大小石片和打制石片后剩下来的石核以及一面或两面加工过的砍砸器等。扁角大角鹿在周口店第 13 地点和"北京人"出土的最下层也有发现。根据这些动物的生存年代和绝种年代，我们认为应把匼河地点的时代划为更新世中期的早期。从石器上观察，"北京人"的石器在制作技术上比匼河发现的石器进步。尽管匼河的石器也有早晚之分，但我们都把它们按同一时代看待。无疑匼河石器要早于"北京人"使用的石器，至少 60：54 地点是如此。

研究了匼河的石器后，1962 年，我和王择义、王建在中国科学院古脊椎动物与古人类研究所甲种专刊第五号上发表了《匼河》一文。随后又和裴文中先生在《新建设》和《文汇报》上发生了争论。不过还是老生常谈①，没有什么新的内容。

这次发掘，我们虽把重点放在匼河，但仍派出了一些人在附近搜寻新的地点。就在匼河村东北 3.5 千米、黄河以东 3 千米的西侯度村背后的一座土山——当地人称为"人疙瘩"之下的交错沙层中，我们发现了一件粗面轴鹿的角。粗面轴鹿生活在距今 200 万～100 万年前。在采集粗面轴鹿角的过程中，还发现了 3 块有人工打击痕迹的石器。我们怕引起麻烦，所以只在《匼河》一文

点评
终于找到了一些能够佐证的石器，离作者的猜想越来越近了。

点评
又发现了新的地点和线索，真的让人好期待呀。

---

① 老生常谈：原指老书生的平凡议论，今指很平常的老话。

中说:"其中还发现了几件极有可能是人工打击的石块。"
很显然,西侯度是一个很重要的线索和地点。

西侯度是个不大的村庄,位于芮城县西北隅[①]、中条
山之阳,西与永济县[②]的长旺村、独头村相接壤,北与芮
城县舜南村相对峙。东邻东侯度,南界潭新村,并与同
蒲铁路的终点站风陵渡相距 10 千米。

1961 年 6 月至 7 月和 1962 年春夏之际,王建主持
了两次发掘。参加发掘的人有山西省博物馆的陈哲英、
丁来普等,我在北京整理标本,没有参加,但此后前往
这个地点进行了观察和研究。由于当时的自然灾害等原
因,他们的发掘都是在生活极端困难的条件下进行的,
这种对待事业的精神也极大地感动和激励着我们这些科
学工作者。

> **✐ 点评**
> 由于当时的自然灾害,人们吃饭都成问题,却还能积极进行科学考察。这种精神也激励着我们要更加努力才行。

西侯度地点的地层剖面保存十分完整。由上新世到
更新世晚期都有保存,总厚 139.2 米。产化石和石器地
层,位于距底部 79 米之上的交错沙层中,有 1 米左右厚。
从剖面就能看出,含化石和石器的地层属于更新世早期。
发现的哺乳动物化石有:剑齿象属、平额象、纳玛象、
双叉麋鹿、晋南麋鹿、步氏真梳鹿、山西轴鹿、粗壮丽
牛、中国长鼻三趾马等。除鲤鱼、鳖、鸟和一些哺乳动

> **✐ 点评**
> 考古研究真的很有趣,竟然能发现这么多更新世早期的绝灭种。

---

① 隅(yú):角落。

② 永济县:现今山西省永济市。

读书笔记

物不能定种外，其余的均能定种，它们都是更新世早期的绝灭种。和化石同层发现的石器，除1件为火山岩、3件为脉石英，其余的都是各种颜色的石英岩。在石器的组合中，包括有石核、石片、砍砸器、刮削器和三棱大尖状器等。最大的石核有8.3千克重，它是从巨大砾石的边棱上，用巨大的石块砸击下来的，然后再加工成适手的砍砸器。还有漏斗状的小石核，是从台面（平面）的边缘，打下细小的石片再制作成的较小工具。在研究了这些石器之后，我和王建一起写了《西侯度——山西更新世早期古文化遗址》一书。由于种种原因，直到1978年此书才由文物出版社出版。

西侯度遗址的发现，使更多的人都确信"北京人"确实不是最早的人类，这是从文化遗存上得到证实的。能不能找到100万年前的人类化石？杨钟健叫我想想办法，这也是我的下一个目标。但要达到目的谈何容易！到哪里去找？正当我们无从下手的时候，机会来了。

1959年，地质部秦岭区测量大队曾河清先生在一次三门峡第四纪地质会议上介绍了陕西省蓝田县泄湖镇的一个第三和第四纪的剖面。同年，中国科学院地质研究所的刘东生先生，也到西安市郊和蓝田县泄湖镇采集脊椎动物化石，并对第三纪地层做了划分。根据这个线索，中国科学院古脊椎动物与古人类研究所于1963年6月派

点评

终于又找到了一处能够证实"北京人"不是最早的人类的遗址。

点评

虽然目标清晰了，但做起来却并不容易。既然说机会来了，那么我们到底能找到什么呢？

出了由张玉萍女士和黄万波、汤英俊、计宏祥、丁素因及张宏先生 6 人组成的野外工作队，到蓝田县境内的新街、泄湖镇、公王村、厚子镇和黄家新村等地，开展了系统的地质古生物调查和发掘。

就在这次野外考察中，7 月中旬在距蓝田县城西北 10 千米的泄湖镇陈家窝村附近发现了一具完好直立人（过去称猿人）的下颌骨和一些石器。下颌骨经吴汝康先生研究定名为"蓝田猿人"。<u>蓝田猿人是距今 60 万～50 万年前的人类，它的发现巩固了蓝田地区在学术上的重要地位。</u>

1963 年第四季度在北京举行的全国地层委员会扩大会议上，提出了由中国科学院古脊椎动物与古人类研究所与其他有关单位协作，再次对蓝田地区进行详细调查，并筹备 1964 年第四季度举行一次蓝田新生界现场会议的议案。

这么大范围进行新生代（从六七千万年前到现在）地层的调查，绝非我们一个研究所能够完成，我们必须与其他部门密切合作才行。地质部门、大专院校和中国科学院有关研究所共 9 个单位参与了这项工作。大家协同作战，对这一地区的地层、冰川、地貌、新构造、沉积环境、古生物、古人类和旧石器考古等学科涉及的领域进行了综合性的考察和研究。古脊椎动物与古人类研

点评
这是我们学术上的又一重大发现，蓝田猿人再次证明了我们的判断。

点评
团结就是力量，只要大家协同作战，相信一定会有更多有价值的科学发现。

究所除了参与地层调查工作外，还承担了古生物、古人类和旧石器的发掘和研究。

1964 年春，古脊椎动物与古人类研究所派遣以我为队长的考察队和由赵资奎等人组成的发掘队，对蓝田地区新生界进行了更大规模的调查和发掘。为了搞好这一工作，所里还派张玉萍、黄万波、汤英俊、计宏祥、尤玉柱、丁素因、黄学诗等前往工作，由毕初珍任秘书，此外，还派郑家坚、黄慰文、盖培、吴茂霖、张宏、武英等先生参加各个地点的发掘。

经过 3 个月的努力工作，我们不仅绘制了 450 平方千米的 1：50000 新生代地质图，实测了 30 多个具有代表性的地质剖面，还发掘出大量的脊椎动物化石和许多人工石制品。特别值得兴奋的是，在灞河西岸的公王岭，我们发现了"猿人"头盖骨、上颌骨及牙齿。

公王岭是一条土岗，在公王村背后，村前临灞河，后依秦岭，属蓝田县九间房乡，离西安市区 66 千米，在蓝田县城以东 17 千米。西安通往商县的公路就从公王岭山边经过。过了灞河桥就是公王村。

在公王岭见到的地层，底部是棕红色沙质泥岩与砾岩为主的沉积。在沙质泥岩中，发现了三趾马、鹿类和犀类的化石。我们判断其时代为距今 500 万～200 万年前的上新世。这个沉积层厚约 20 米。在这层之上有一个

读书笔记

列数字
通过数字我们可以看出，这些科学工作者的工作是多么的认真严谨啊！

点评
又有了新的发现，真是令人振奋。

剥蚀面。剥蚀面之上分布着厚 33 米、颜色呈灰白色的砾石层。

关于这一层的时代，有人认为是早更新世，我们在野外把它看作是中更新世的最早期。在这层砾石之上覆盖着 30 米厚的红色土。在红色土的底部之上约 5 米的地方，发现了很多哺乳动物化石。

在这个地点，同层的化石有的地方很多，有的地方则一点儿也没有。一些动物化石像大角鹿的犄角、古野牛的牙齿、三门马的下牙床等都被钙质结核胶结在一起，非常紧密，它们像是被水冲动过。像这样的埋藏形状过去很少见到。

5 月 22 日发掘小分队发现了一颗人牙，黄慰文将其拿到蓝田县考察队的驻地给我看，我看一点儿没错，马上就邮寄给了北京的杨钟健所长，随后我也赶到了公王岭。当我赶到那里时，大家正围着一大块（约 1 立方米）被钙质胶结的土块，商量着怎么整块地起运走。土块上露出许多化石。当时正是雨季，化石很糟朽，在现场挖，怕把化石损坏。终于大家想出了"套箱法"，即用大木箱将土块套起来，再将土块底部挖空，把箱子翻过来，再把箱里空隙处灌注石膏，这样就能既方便又安全地将化石运走。

这一箱被钙质胶结在一起的化石堆运回北京后，当

年8月，在修理化石技术能手柴凤歧的指导下，青年技工李功卓着手进行修理。几个月下来，修理出一些哺乳动物化石。10月19日，还修出了一颗人牙。这时大家都认为会有重要的东西出现，心情很激动。李功卓修理时更加精心了。几天后，果真修理出了一个人的头盖骨，随后又修理出了一颗人牙和一个人的上颌骨。

人类头盖骨的发现，所里看法不一。杨钟健所长马上召集裴文中先生、周明镇先生、吴汝康先生和我开会，叫我们各抒己见，谈谈这头骨到底属于什么。裴文中先生认为它可能是大猿的头骨，头骨被挤压后形成了现在的模样，而我、周明镇和吴汝康都认为它是人头骨。最后杨所长赞同我们的意见，也认为是人头骨，他还说，如有不同看法，可以发表文章，说明各自的见解，进行学术讨论。从此之后人头骨就成为定论，再也没有否定的意见。

人类化石是由吴汝康先生研究的。他把陈家窝村发现的下颌骨和公王岭发现的头盖骨合在一起，定名为"蓝田中国猿人"。我一直认为，陈家窝村的下颌骨和公王岭的头盖骨，实际上是两码事。陈家窝村的人化石，从下颌骨的构造上看应归于"北京人"，而公王岭的头盖骨才称得上是蓝田人，学名称"蓝田直立人"。

上述两个地点的哺乳动物化石也不一样。陈家窝村

点评

科学研究真是一个反复研究、反复探讨的过程啊！

点评

从"蓝田直立人"这一名称我们可以看出，他们与"北京人"还是有很多区别的。

地点发现的哺乳动物化石与周口店第 1 地点基本相同；而公王岭发现的哺乳动物化石尚有南方种。后来经过绝对年代测定，公王岭化石层距今为 110 万年，陈家窝化石层只有 60 万年。

秦岭抬升很快，使它成了南北屏障，以至有"秦岭之南行船，秦岭之北行车"之说。在它末抬高之前，一些大哺乳动物可以越过秦岭到达公王岭地区。著名诗人王维（701—761，又说 698—759）在秦岭的终南山之下隐居，当时他的门前还可通舟，现在河水已成细流，一步可以迈过。灞河从前行舟，由于秦岭抬升过速，现在灞河水流很急，已不能行舟，河水一泻而下直流向渭河。

仔细观察公王岭出土的头盖骨，可以看到它的外面凹凸不平。研究者认为是被水冲磨造成的。我认为不是，如果经水冲磨，头骨必然会露出里面的结构，同包子皮破了就会露出馅儿的道理一样。但此人头骨的结构与正常的头骨相比完全不同。在凹凸不平的地方，外面包有一层薄的外壳，里面也是一层薄壳，中间夹着棕孔样的结构。正常的头盖骨，从断破的地方看，内外是两块骨板，中间夹着海绵式的骨松质。公王岭头盖骨表现出的显然是一种病态。是什么病，我不懂。我记得，我小的时候在外祖母家读私塾时，村里有一个人在东北染上了

点评

秦岭是我国地理上的一个重要的过渡带，原来它也是在不断变化的呀！

点评

只有认真观察，才能不错过任何一处有价值的细节。

梅毒。听说临死前，他的脑壳都塌了下去。当然我没学过病理学，只是联想。无独有偶，1976年、1977年在山西阳高县古城乡许家窑村发现的距今约10万年前的许家窑人的头骨片中，也有公王岭蓝田人的现象。这是病理现象，还是环境、气候等生活背景影响造成的一种异常现象？看来这也是古人类学研究的课题之一。如果是病态，研究出他的病因、病源，岂不是有了世界上最早的一份"病历"？

公王岭蓝田人的发现，再一次在国内、国际上引起了轰动，国内外的报刊、电台、电视台纷纷报道。当时的气势有如1965年5月14日我国又成功地爆炸了一颗原子弹。的确，这是继20世纪20年代末、30年代中期，周口店发现了"北京人"之后，在我国境内发现的又一个重要的直立人头骨化石。它不仅扩大了直立人在我国的分布范围，而且把直立人生存的时代往前推进了五六十万年，从而给"我国有没有比'北京人'更早的人"的争论画上了圆满的句号。

点评

作者真是一个有着丰富的科学想象的科学家呀！

点评

科学研究有了新的重大的发现，真的让人无比兴奋，而且通过这一发现，"我"终于圆满地证明了我们的判断。

读书笔记

佳句欣赏

当我赶到那里时，大家正围着一大块被钙质胶结的土块，商量着怎么整块地起运走。土块上露出许多化石。当时正是雨季，化石很糟朽，在现场挖，

怕把化石损坏。终于大家想出了"套箱法"，即用大
木箱将土块套起来，再将土块底部挖空，把箱子翻
过来，再把箱里空隙处灌注石膏，这样就能既方便
又安全地将化石运走。

延伸思考

1. 在发掘工作中，"我"最大的心愿和目的是
什么？

2. 匼河的地层剖面很清楚，最下面是淡褐色黏
土，其时代应为距今多少万年的更新世早期？

3. 什么人的发现，给"我国有没有比'北京人'
更早的人"的争论画上了圆满的句号。

广西探洞寻"巨猿"

？文前小问号

　　考古学家需要有敏锐的观察力和准确的判断力，能对所看到的事物进行辨析；还要有足够的耐心和毅力，在艰苦的条件下坚持最枯燥的寻找挖掘。我们是怎样锁定广西寻找"巨猿"的呢？

点评

　　通过"不会'神机妙算'"和"没有'特异功能'"，表明在当时的条件下，进行科学研究的不易。

　　我们既不会"神机妙算"，又没有"特异功能"，只能凭着别人给我们提供的线索，去寻找我们需要研究的对象。

　　以前老百姓没有哺乳动物化石这方面的知识，但你要说"龙骨"，大多数人，包括小孩子都知道。当时各地的一些民众把挖"龙骨"作为副业。在西北地区，每年挖出的"龙骨"至少有数十万斤之多。"龙骨"被收购站收购后，再销往中国香港、东南亚地区及世界各国。许多华人都有把"龙骨"当中药吃的习惯。其实"龙骨"就是我们所说的哺乳动物化石。中药中的"龙骨""龙齿"（即哺乳动物的牙齿）完全可以用牡蛎壳代替，但中医大夫们仍喜欢用"龙骨"。

20世纪30年代，德籍荷兰古人类学家孔尼华曾来华，他把在香港和广州中药铺里买到的三颗巨大的猿牙齿给魏敦瑞看，孔尼华将此类猿命名为"巨猿"。巨猿牙齿很大，与现代人的牙齿相比，几乎大四倍。魏敦瑞很吃惊，他看了很久，越看越觉得像人的牙齿。后来两人又把"巨猿"的学名改为"巨人"。这么大的猿原来生存在何处呢？孔尼华认为在华南，因为他是在香港和广州买到其牙齿的。

我们虽然对"巨猿"极感兴趣，但不知道到哪里去找。华南地区太大啦！事有凑巧，我们接到了广西某县一位中学老师的来信，信中说：他们在山洞里刨出了许多化石，希望我们派人去了解，看看是何物。这一下我们有了目标。过去也听说广西的龙骨很多，何不把广西作为突破口呢？一下子我们又兴奋起来。

此时，裴文中已由国家文物局回到我们研究室，因此由他担任队长，我担任副队长，组成了调查队。前往广西调查时，我们研究室差不多是全体出动。我记得参

举例子

通过西北地区的例子，让读者对龙骨有了一定的认识，进一步引出对化石的探寻。

作比较

通过与人类牙齿的对比，说明巨猿牙齿的巨大。同时，因为与人的牙齿相像，所以将"巨猿"改称为"巨人"。

反问

通过反问，突出强调了这一研究地点的出现让我们十分兴奋。

加的人员有黄万波、韩德芬（女）、张森水、王存义、许香亭（女）、乔全芳、乔歧、柴凤歧等人，还有北京大学的吕遵谔和广西博物馆的何乃汉等。

1956 年年初，以裴文中先生为首的"巨猿考察队"开赴广西。大家爬山、钻洞。我们的工作得到了当时的广西省[1]政府的大力支持，工作进行得很顺利。一位姓王的厅长也和我们一起钻了许多洞。虽然我们找到了很多哺乳动物化石，但最终的目标——"巨猿"连个影子也没见到。

1956 年初春，考查队到了柳州，我们到处爬山、钻洞。在柳州西南 12 千米的公路旁、白面山的南麓发现了白莲洞。白莲洞洞口高出地面 20 多米，因洞口正中有一块形似莲花蓓蕾的白色钟乳石而得名。柳州地区的石灰岩的岩溶现象十分壮观，山上溶洞很多，洞内的堆积丰富。当地农民常到洞内挖取"岩泥"做肥料。

我们在洞内被扰乱了的堆积中，发现了很多软体动物壳和少量鹿牙化石。值得一提的是，我们发现了一件扁尖的骨锥和一件粗制的骨针，可惜针身都已残破。另

点评

科学研究的过程往往不是一帆风顺的，必须几经周折，才能成功。

点评

通过数字列举和比喻等方法，让读者形象地感觉到白莲洞的大小及样子。

---

① 广西：中华人民共和国成立后，广西行政区曾作多次调整。1952 年在西部壮族聚居地建立行署一级的桂西壮族自治区，1956 年改为自治州，1958 年撤广西省建广西壮族自治区。1965 年原广东省的合浦专区划入，广西从此由内陆省区成为沿海省区。1978 年起，将 12 月 11 日（右江苏维埃和红七军成立日）定为自治区成立纪念日。

外还有4件石器，它们都是由砾石打击而成，其锋利的刃口可作砍斫之用。经我和邱中郎鉴定，该石器属于旧石器时代晚期。后来，白莲洞受到北京自然博物馆周国兴和柳州市的易光远等先生的重视，他们进行了大规模的发掘，收获很大。在这个洞穴里的不同地层中，他们发现了不同时代的化石材料，从旧石器时代到新石器时代都有。

除白莲洞外，我们还在柳州市木罗山思多屯的一个山洞内，在因挖"岩泥"而遭毁坏的残余堆积中，发现了螺壳和一件经人工多次打击才从石核上打下来的燧石石片。在柳州西南的柳江县[①]进德乡的一个南北穿通的洞内堆积中，下层找到了剑齿象化石，上层找到了螺壳、介壳层石器。

虽然有收获，但我们是来找"巨猿"的，没见到原生层位的"巨猿"化石，也不能算有成果。

在南宁，我们跑到供销合作社去看他们收购来的"龙骨"和"龙齿"，在成堆、成麻袋的"龙骨"中，还真见到了"巨猿"的牙齿。"巨猿"的牙齿很好辨认，因为它在猿类牙齿中算是最大的，牙瓷很厚，表面光滑，对着光看还有微红色的闪光，光润耀眼，好像宝石，煞是好看。在成堆、成麻袋的"龙骨"中找到"巨猿"牙

---

① 柳江县：现今柳州市柳江区。

点评
这一岩洞的发掘让我们收获很大。

点评
虽有收获，但没有找到"巨猿"的化石，还是让我们很失望呢!

引用
通过引用"他乡遇故知"这句诗，形象地说明了我们再次找到线索时的兴奋。

读书笔记

齿，使我们像"他乡遇故知"那样高兴。大家都感到广西就是"巨猿"的家乡，我们的估计没错。

当问到这些"龙骨"来自何处时，又使我们傻了眼。因为他们把收购来的"龙骨"都堆在了一起，然后装入麻袋运往外地。"巨猿"的线索又没有了，我们很失望。此时，裴文中提议，把现有的人分成两队，一队由他率领到南宁以北的地带寻找；一队由我率领往南宁以南的地区搜寻。

在我们往南搜索的小组里，我记得有吕遵谔、何乃汉、王存义、乔歧、柴凤歧等人。我们在南宁时，曾到中药店询问过。据说崇左县①境内产"龙骨"，所以我们这一小队就乘火车直奔了崇左，然后再从崇左往北返回，各处钻洞寻找。

点评

不知道具体来源的地点，一听说有消息便直奔过去，说明当时科学家们的迫切心情，同时也再次表明科学研究的辛苦。

2月初，到了崇左。我们仍到供销合作社先去挑选我们需要的"巨猿"化石，还真找到了好几颗"巨猿"牙齿。我们向他们询问"龙骨"来源，才知道这几颗"巨猿"牙齿并非本地所产，而是来自大新县。我们听不懂当地话。幸亏崇左县政府派了一名干部协助我们工作，又有何乃汉先生，通过他们两人的翻译，我们才弄清楚"巨猿"的产地。

点评

通过这些描述，可以看出当时条件的艰苦，突出了寻找"巨猿"的艰辛和不易。

由崇左到大新，通车的地方乘汽车，不通车的地

---

① 崇左县：现今广西壮族自治区崇左市。

方我们就靠两条腿。步行时，行李带得很多，成了我们的累赘。每天爬山、钻洞、行路、找住所，整理行装是很大的麻烦事。当时的条件没法和今天相比。不过，在当地找个挑担子的人帮助挑东西倒很容易。那时在城里还能经常看到手挂着扁担找活儿干的人，而且大多是妇女。

2月9日，我们到了大新县政府所在地——新和街。县政府很快为我们安置好了住所。我们迫不及待地又找到收购站。从这个收购站里不但找到了不少"巨猿"牙齿，最可喜的是我们知道了这些化石的产地——榄圩区正隆乡那隆屯。目标缩小到一个村，大家当然很高兴，深信"巨猿"的出处很快就会弄个水落石出。

2月15日，我们到了那隆屯。虽然路不算远，但因下着小雨，又是步行，所以傍晚才到达。屯子坐落在一个四周环山的山谷里，周围有牛睡山、鸟猿山、谢山、尾塘山。屯子不大，只有70多户人家。村民看上去非常朴实。

第二天，虽然仍在下雨，我们还是拿着从大新供销合作社买来的"巨猿"牙齿，挨门挨户地向村民们询问。当我们走进一位老大娘的家门时，还没来得及寒暄，一个小男孩就拿出了一个装有"龙骨"的箩篓给我们看。啊，在这个箩篓里就有"巨猿"的牙齿。当我们把它拿

点评

目标终于缩小到了一个村，真是让人兴奋，看来"巨猿"的出处应该马上就要找到了。

点评

天气不好还坚持寻找，越发显出我们想要找到"巨猿"出处的急切心情。

读书笔记

在手里时，激动得手都有点儿发抖。我们的心血没白费，多日的追踪，总算有了眉目。小男孩是老大娘的孙子，有十来岁。我问他这些东西是从哪里弄来的，他用手往屋后一指："就在那个山头上。"

午饭过后，雨稍小了点儿，但仍淅淅沥沥地下着。我们登上了小男孩所指的那座山。这山当地人称为岜[①]磨弄山（汉语为牛睡山），山上的洞穴名为黑洞。山很陡峭，洞口离地有100米左右，从山下看得清清楚楚。

我们拽着树棵儿，费了很大劲才爬到洞口。洞不深，总长20多米，从洞口往里是一条窄道，走到尽头才开扩成室。含化石的堆积，在尽头还保留了一部分，其余的都被村民挖光了。我和吕遵谔凭着一个皮尺、一个指北针和一根竹竿，一边测量，一边绘制平面图和洞的轮廓图。其余的人进行发掘。

洞中的堆积可分为两层，上层为石笋胶结的黄色硬堆积；下层为不很胶结的蒜瓣状的红色黏土。就在下层的上部分，我们发现了"巨猿"的牙齿。这是我们长途跋涉，经过了40天的努力，亲手从原生堆积中找到的"巨猿"材料。我们找到了"巨猿"的"家"。

找到了"巨猿"化石，大家也暂时忘却了苦和累。累不必说了，若说苦，那还真苦。屯子里缺少饮水，人

点评

经过长途跋涉和不懈努力，我们终于找到了"巨猿"的"家"，真不容易啊！

点评

付出终于有了回报，真是皇天不负有心人。

---

① 岜（bā）：用于地名，意思为石山。

和牲口都吃一个坑里的水。把水烧开了也觉得咸涩难咽。可是当地群众不就是这样生活嘛。再说耗子到处都是，特别是夜里到处乱窜，睡觉时，耗子在身上跑来跑去。有时用手巾包裹好准备第二天外出时带的干粮，早起一看没了。都是该死的耗子给拉走了，我们每个人都气鼓鼓的没有办法。再有就是这里的毒蛇很多，我们外出都结伴而行。一手拿着手电筒，一手拿着木棍，边走边划拉草，为的是"打草惊蛇"。夜里连外出小解，都叫个同伴。起夜太勤的人则觉得困难。而我们就是在这样的环境下工作了一段时间，才返回南宁。回南宁前，我们给裴文中拍了电报，又写了一封信，把我们的发现经过说了，促使他们那个队的人努力。

裴文中带领的北队也获得了丰收。柳城县长曹乡新社中村的农民覃秀怀，在一个山洞里挖岩泥时，挖出了许多"龙骨"，引起了洛满人民银行韦耀社的注意。他认为这些"龙骨"很有科学研究价值，要覃秀怀把这些东西捐献给政府。

这些材料被送到了南宁广西博物馆。当时的广西省文化局将标本交给了裴文中。这是一个"巨猿"的下颌骨。裴文中在当时的广西省文化局、柳州市文化局和柳城县文教科的帮助下，找到了覃秀怀。在他的指引下，在柳城县长曹乡新社中村往南约 500 米的楞寨山上，找

动作描写

通过"打草惊蛇"的动作描写，形象地表现出当时条件的艰苦。

点评

好消息接连不断。

点评

裴文中带领的队伍在广西也发现了"巨猿"的化石，真的是收获很大。

163

点评

结尾表达了作者的兴奋和自豪之情。

我的笔记

到了发现"巨猿"下颌骨的山洞——硝岩洞。此后，裴文中先生再次到广西，带领柴凤歧等人继续发掘，从中又发现了2个下颌骨和若干个牙齿。这些材料经吴汝康先生研究，仍用孔尼华定的学名——"巨猿"。从齿面上看，它具有很多人的性质，我认为魏敦瑞和孔尼华把它改为"巨人"的意见也应考虑。

这次广西之行，可以说成绩斐然。

日积月累

神机妙算　倾巢而出　长途跋涉　成绩斐然

佳句欣赏

当我们把它拿在手里时，激动得手都有点儿发抖。我们的心血没白费，多日的追踪，总算有了眉目。

延伸思考

1. 中药中的"龙骨"指的是什么？

2. 以裴文中先生为首的"巨猿考察队"开赴广西是在哪一年？

3. "巨猿"具体是在哪里发现的？

寻找细石器的起源

？文前小问号

有人说过，细小的石器是在草原上生活的人类使用的。细石器到底起源于什么地区？又是怎样随着人类活动分布到各处的呢？

远古人类以石击石的方法打制出的石器主要分为两大类：一种是小型的，一种是大型的。当然一些遗址中两类同时共存的现象也不少，这是人类在当时特定的生活环境下形成的。

过去就有人说过，细小的石器是在草原上生活的人类使用的，这种推论是可能的。在我国，特别是在北部，细石器①很普遍，东北、华北、西北广大地区均有分

分类别

作者在文章开头直接用分类的说明方法告诉读者，要讲到的石器分为两类，便于读者理解。

---

① 细石器：细小的打制石器。

布。在四川也有分布，四川省文物管理委员会主任、古人类学家秦学圣先生曾陪我到雅安一带考察过。此处石核的类型以船形、锥形（或称铅笔头形）、柱形、楔形为主。

从中国往东，在日本、韩国、东西伯利亚和北美洲也都有相同或类似的细石器发现。特别是晚期的石器，连类型和打制的方法都基本一致。例如以"船形石核""锥形石核"（或称铅笔头形石核）、"楔形石核"为代表的类型群，在辽宁、吉林、黑龙江、内蒙古、宁夏、山西、陕西、甘肃、新疆等省和自治区都有所发现，往西分布到喀什。石器虽有大小之分，但类型和打制的方法是一致的。

细石器到底起源于什么地区？又是怎样随着人类活动分布到各处的呢？我的想法是，在数万年到 1 万年前最后一次冰期的时候（据现在的研究结果，时间还要提前），下降的雨水凝结成冰雪，不能复归于海。又据冰川学家研究的结果表明，在冰期高峰时，海面可以下降100 多米，使隔海地带变为通途。人类在这个时期到达各地的可能性很大。

早在 20 世纪 30 年代，德日进神父根据我国新疆、蒙古共和国① 和阿拉斯加均有同样类型的石器发现的情况，认为这一类型的细石器是从中国分布到北美去的。大小石器不能混为一谈，小石器在使用上不能替代大石器，同样大石器也不能替代小石器。

为了研究旧石器的传统，我自 20 世纪 70 年代中期之前，就在东北、内蒙古及各地到处奔波，对细石器尤为注意。对上述这些类型的细石器的起源地，有的外国学者认为是贝加尔湖，有的学者认为是中国。自从我详细观察了"北京人"的石器之后，认为细石器起源于我国的华北。因为在含"北京人"的化石层里，特别是在上部发现过许多小石器，有的小石器小到只有两三克重。虽然早期的细小石器和晚期的细石器在打制技术和类型上完全不同，但在其细小上则是一致的。随着时代的前进，生活环境的改变，打制出的石器当然有所改变和演化，这也是历史的必然。

我在东北、华北、西北各地不止一次地调查，走得

读书笔记

作比较

　　写出了细石器起源于我国华北的原因，并对不同之处做了详细的解释说明。

点评

　　多次调查，可见作者对待学术的严谨，同时也说明他得出的结论的准确性。

---

① 蒙古共和国：即蒙古国。世界第二大内陆国。位于亚洲东部、蒙古高原北部。东、西、南三面与中国接壤，北邻俄罗斯。首都乌兰巴托。历史上称为外蒙古或喀尔喀蒙古。1911 年 12 月蒙古王公在沙俄支持下宣布"自治"。1921 年蒙古人民党领导的人民革命胜利，同年 7 月建立君主立宪政府。1924 年 11 月 26 日废除君主立宪，成立蒙古人民共和国。1946 年 1 月 5 日，当时的中国政府承认外蒙古独立。1992 年 2 月改国名为蒙古国，使用新国旗、新国徽。

最多的是内蒙古和黑龙江。现在回忆起来，仍然勾起我许多怀念。我到过的地方很多，但去过后忘记的也很多。有很多有趣的事和一些发现，时间一久，因想不起去的准确时间及一同前往的人员，就只好弃之不写了。1997年6月1日，是杨钟健先生诞辰100周年纪念日，他的许多亲朋好友、同事或学生都来我们研究所参加他的纪念活动。我当年的进修生，现甘肃省文物考古研究所所长谢骏义先生也出席了。他来看望我时，提到了我们一起做长途调查的情况，又引起了我的回忆。

那是1974年7月下旬，我和谢骏义、卫奇两位先生，为了寻找旧石器，特别是想搞明白细石器的分布，到内蒙古、雁北、宁夏、甘肃等地做了一次长途旅行。我们是这年7月30日从北京乘火车出发的，沿途的火车都脏乱不堪。我本来可以坐软卧的，但买不到票，只好作罢，当时吃饭成问题，车进了站，虽说站台上有卖东西的，但也都是一抢而光。

火车走一夜，次日便到了呼和浩特。接待我们的是内蒙古自治区博物馆人员。当我们参观博物馆时，看见陈列柜里有一个石针，它引起了我们的兴趣。我请博物馆的陪同人员把它拿出来仔细观察。这枚石针呈黑色，有如火柴棍大小，上方下圆，针尖锋利，石质不硬。据博物馆的同行介绍，它出自新石器时代遗

点评

再次表明当时交通的不便。

打比方

通过用火柴棍与石针作比，让读者形象地感知了石针的样子、大小以及质地等。

址。我看了后认为是新石器时代的人作为针砭治病用的石针。

回到北京后，我和一位老医生谈了这件石针，他非常兴奋，立即叫我给他写了封介绍信，急急火火地去了呼和浩特内蒙古自治区博物馆。看后，老医生非常同意我的看法，也认为此石针是做针砭用的。如果我的推断得到证实，中国早在七八千年前的新石器时代就有了石针针刺治病，石针是医学史上不可多得的宝贵证据。那位老医生临走时，还要求接待他的博物馆汪宇平先生给他做个石膏模型，结果失败了，不过汪先生还是用木料为他复制了一根。他回到北京后拿复制的石针给我看，我看其大小形状都同原来的那根很相近，也是黑色的，只不过外表光亮一些。这些都是后话了。

我们到内蒙古的时候，肉还是定量供应的。汪宇平非要我们去他家吃饭不可，说是请我们吃粉条子炖猪肉，他说借我们的光，也一起解解馋。他哪儿弄来的肉呢？饭桌上，他吐露了实情。原来他向上级打了报告，说是从北京来了"贵客"，上级特批了10斤猪肉。

我们这次在内蒙古活动大约有一个月，内蒙古博物馆葛静微副馆长等亲自接待了我们。首先，汪宇平先生领着我们参观呼和浩特东郊新发现的大窑遗址。这是一处石器制造场，在红色沙层里石器和石片很多，几乎

满山头都有石器和石片分布。看来很早以前——距今约二三十万年，就有人类在此制造石器了。据村中的老人跟我们说，直到最近还有人在这一带开采火石出售。

这个遗址的发现也是很偶然的。汪宇平先生原是报界人士，自从调到博物馆后，对旧石器发生了浓厚兴趣，潜心钻研。有一次他得知大窑村发现了窨①藏的古瓷器，就到那里为博物馆去收购。在老乡家里吃完晚饭后，他从衣兜里掏出一块石片，问老乡这里有没有这东西。老乡说，这里有的是，就在离这里不远的山坡上。结果这个遗址就这么被发现了。这个遗址应该很好地进行保护，发掘时也应该按照不同时代的地层发掘，切不可混淆在一起。这对以后的研究非常有益。

点评

伟大的科学发现，离不开浓厚的兴趣和有心人的潜心钻研。

随后，汪宇平、李荣和其他三位先生加上我们三人分乘两辆吉普车从呼和浩特出发，到四子王旗、二连浩特（以下简称"二连"）、集宁等地考察。在包头我们看到了两个旧石器地点。两个地点都位于两个小山包上，相距不远。这两个地点出土的虽然都是细石器，但仍属于数万年前的旧石器地点。

点评

通过对路线的详细叙述，写出了我们发现这一处石器的辛苦。

从包头北行到了百灵庙。参观了百灵庙后，在招待所小住了一夜，往西前往白云鄂博，沿途考察石器地点，在白云鄂博以北我们发现了一处细石器地点。从白云鄂

---

① 窨（yìn）：地窖，指地下室。

博往东行又到了苏尼特右旗，沿途都有发现。在脑木更这个地方还发现了相当古老的哺乳动物牙齿化石。

从脑木根去二连，我们的汽车沿着中蒙边界行走。中蒙边界当时有一条 10 米宽的界线，年头久了，已辨别不清。中途遇不到人家，司机不时地停下车来观察方向，唯恐超越了国界，跑错了方向。大家都提心吊胆，到了二连后才放下心来。

这次旅行考察，可以说出了包头不久，便进了戈壁地带。所谓戈壁，就是到处都是苹果大小的砾石加粗沙，一眼望不到边。地面缺水，植物稀少，当然也很少见到人烟。我们在出行前准备了好几天，最主要的是要带好修理工具和充足的饮水。为了相互照应，还必须有两辆吉普车同行。途中偶尔能遇到帐篷，它们都支在有一点儿荒疏的草的地方。遇见这样的帐篷，只要你在外面问一声好，就可以走进去，盘腿在地毯或毡子上一坐，就会受到主人很好的招待，奶茶是少不了的。帐篷里总烧着水，女主人马上会擦一擦碗，抓上一把炒过的糜子粒，倒上煮好的砖茶，放在客人的面前。几碗下肚，茶中的糜子粒也吃光了。我喝他们的奶茶不喜欢放盐，也不用筷子，喝到最后，碗中的剩米粒用舌头舔几下就吃得干干净净。

二连在中蒙边界上，虽然城市不大，但相当有名。

读书笔记

点评

在边界开展科学考察，不但条件辛苦，还担心一不小心会超越国界，真的是很不容易啊！

动作描写

通过女主人一系列动作的描写，突出了她的热情好客。

从北京直达莫斯科的火车，在这里要进行边境检查，火车也要换成宽轨的苏联列车。城里只有一条不长的街道，东西走向。中间靠北侧有一条不长的街，街的北头就是中蒙边防站。

在二连宾馆居住，我们和当地驻军建立了联系。记得有一天他们邀我们一起外出猎黄羊。大家乘的都是吉普车，他们在前，我们这些人因不会放枪便殿后。他们在前边打，我们在后边捡，拾到打死的黄羊就扔到车上。我们的司机看到有的车猛追逃跑的黄羊，直到把黄羊追得累死才罢休，也兴致大发，跟着追了起来。虽然累死了几只黄羊，但我们也漏拾了很多只被打死的黄羊。

在这里野生的黄羊很多，一群一群的，有的一群达几百只，甚至上千只。它们常和家羊争夺有限的草地，所以群众很希望消灭它们。

这些黄羊与山羊很相似，但腿长得多。我在放牧的羊群里，有时看到掺杂的黄羊。看来这种野黄羊也并非不能驯养，只是当地人不喜欢吃黄羊而喜欢吃家羊，因此黄羊只能被作为狩猎对象罢了。

就在这一天我们吃了一次烧整羊。主人请我们就座后，四个人把一只烧烤好的整羊放在一个大木盘里，抬上桌来，羊头向前伸着，四条腿窝在身下。我们每人面前放了一把刀。烧羊味很香，但没人动手。后来有人在

点评

想起了有趣的、印象深刻的猎黄羊的事，在此进行了插叙。

列数字

通过列数字，说明黄羊过多会与家羊争夺有限的草地，所以人们才来猎杀。

我耳边说了几句，我才明白。我是主客，按当地风俗，我必须先在羊身上拉一刀，大家才能动手。

我拿起刀子在羊身上划了一刀后，大家七手八脚地动起手来。只见主人拉下一大块尾巴油给我吃，这实在难为我了。后来同行者说情，我才吃了一小条。这时大家开怀畅饮，大口吃肉。我虽然还能喝上二两酒，但遇见这种场面，也只好说自己有心脏病，不能饮酒。否则只要一小杯下肚，就会叫你换大杯，直到醉倒为止，不醉不够朋友。他们对客人真是十分热情，但也叫我们有点儿发怵。

我们并没有忘记这次旅行的目的，在二连也探查了一些石器和哺乳动物化石地点。

完成了对二连的考察，我们又南下经苏尼特右旗到达集宁市①。在集宁我们停留的日子较多，因为在集宁的南郊以前就有人发现过一处细石器地点，我们也曾到那里进行过发掘，这次还想在附近查看一番。我们在集宁市发现这里的领导和群众对古代遗迹非常感兴趣。他们认为古代人类曾在他们这里居住过是很荣幸的事。他们要求我们在集宁市的剧院礼堂给大家讲了一次课，参加的人数还很多。

在集宁考察，我们不但要走很多路，还要随时查看地面，所以要低着头走路。有时回到住所感到很劳累。

① 集宁市：现今内蒙古自治区乌兰察布市集宁区。

语言描写

虽然当时条件十分艰苦，但通过诙谐的语言描写，让我们看到了他们苦中作乐的乐观精神。

引用

通过这首打油诗，形象直观地道出了考古工作者常年在外奔波的辛苦。

有一天，跑了很多路，回到住所后已经很疲劳，但我还想到一家点心铺去看看有什么当地的风味糕点。陪同我们一起调查的一位集宁市工作人员对我说："我们这里做的点心比砖头还硬，牙齿好的恐怕也咬不动。"我说："你们给他们调换一下工作不就成了吗？""怎么换？""把做点心的让他去烧砖，把烧砖的调来做点心不就成了吗？"大家听后都大笑起来，也不觉得累了。

我们这些在野外工作的人，常常说笑话，这样对消除疲劳很起作用。20世纪30年代时，我们的笑话很多，有心的人真可以搜集起来写一本《笑话小集》。有关卞美年先生的笑料就不少，可惜年代久远遗忘了很多。我记得有人写过一首打油诗："好女不嫁地质郎，一年半载守空房，外出打扮像公子，回来虱子爬满床。"这也从侧面描写出了我们地质工作者的生活。

直到当年的9月1日，我们才返回呼和浩特市。在集宁市时，卫奇先生就告诉我，大同市以东的阳高县许家窑和与之交界的河北省阳原县的侯家窑村，有的农民在那一带挖"龙骨"，由于砸死了人而被禁止了。地层里发现了很多石器。我认为这个消息很重要，决定立即到那一带走一趟，做个调查。

我们到达呼和浩特后，没过多地停留，即到大同市，

在雁北地区①文物工作站负责人、考古学家张畅耕先生的陪同下，前往雁北地区考察。考察进行了十多天，除在左云县境内考察石器地点外，也顺便参观了大同市的云冈石窟、大同九龙壁、上下华严寺等古迹。接着又考察了山阴县的鹅毛口新石器时代石器制造场，看到了石锄等农具。这些石器证明了当时已有农业出现。

在朔县②我们考察了28000年前的石器地点。这一地点的石器类型很多，已与后来的细石器有所接近。我们还前往应县参观了久负盛名的应县木塔。最后到了我们非常想看的位于山西省阳高县古城乡的许家窑村。我们在村东南约1千米的一处断崖上，看到遍地是哺乳动物化石碎块，地面上的石器也很多。我当时就断定这是一处非常值得发掘的地方。

在这个地点，我们于1976年春、1977年秋和1979年进行过三次发掘，发现了大量的细小石器和人骨化石及哺乳动物化石。石器制品非常精致，我们还以为是数万年前的人类制造的。后来发现了人类化石，因其具有许多原始性质，所以时代提到了10万年前。这个地点定为"许家窑遗址"。

---

① 雁北地区：指存在于1961年至1993年的山西省雁北地区行政公署所属区域，1993年该地区撤销后，所属各县分别划入今山西省大同市和朔州市。
② 朔县：今山西省朔州市朔城区。

点评

这就是考古科研的作用之一，有力地证明了当时已有农业出现啦！

场面描写

看到这样的场景，不禁勾起了大家的发掘欲，从而引出下文对"许家窑遗址"发掘的叙述。

读书笔记

考察时卫奇发现，当地妇女的门齿外面多有圆形的凹坑，他认为是饮水中含氟量太高所致。在这里发现的头骨骨片化石，我也观察到它们与正常人的头骨不同，有异断面的内外骨板相夹的骨质呈棕孔状，并非像正常人呈海绵状。这与陕西公王岭发现的蓝田猿人头骨的断面十分相似。此种现象是因饮水含氟量高所致还是一种病态，我没搞清楚，因为我不是病理学家。如果有人去研究它的病因，在病史上也是很不得了的事情。所以我认为研究古人类学，必须进行综合研究才能得到突出的效果，就是由于它包括的面很广。

1974 年 9 月中旬，我和谢骏义、卫奇两位先生从大同乘火车到达了宁夏回族自治区的银川市。接待我们的是自治区文化厅文物处处长、博物馆的钟侃先生。在宁夏我们首先考察了贺兰县两处细石器地点和一处新石器地点。值得一提的是我们参观考察了仰慕已久的水洞沟旧石器时代遗址。

水洞沟遗址是 1923 年法国天主教耶稣会神父桑志华（Emile Licent，1876—1952）和德日进发现的。德日进1923 年第二次来华，当年即和桑志华从北京乘火车到达包头，然后步行加骑驴到银川。从银川往东南，他们渡过黄河，在离黄河东岸不远处发现了水洞沟的遗址。在这个遗址的黄红色的土层里，他们发现了不少石器。再

之后他们东行，在内蒙古自治区萨拉乌苏河附近又发现了萨拉乌苏遗址。水洞沟遗址的石器是大型的，萨拉乌苏遗址的石器是小型的，有的细小石器其重量不足1克。

水洞沟遗址在灵武县①境内，我们在那里活动了两天又返回银川。当时，银川考古部门正在发掘西夏②王朝帝王陵，我们前往参观。只是寝陵既大又深，我没下去参观里面的陪葬物品。

我记得袁复礼先生曾经送给我们研究所一批用红色燧石打制的细石器。那是他参加西北科学考察团时发现的，石器上注的出产地叫"银更"。裴文中和我曾到清华大学问过袁复礼先生"银更"在什么地方，但他说记不清了，印象中是沙漠地。我们在这次考察中，边走边打听"银更"这一地方。据当地人说，叫"银更"的地方很多，"银更"是蒙语，为"石磨"的意思。在银川时，我们听说附近确实有个地方叫"银更"，不过乘汽车需要三天的时间才能回来，我们只好放弃了此行。

---

① 灵武县：今宁夏回族自治区灵武市。

② 西夏：中国宋代西北地区以党项羌为主体民族的王朝（1038～1227年）。自称大夏国或白高大夏国，嵬名元昊（西夏景宗李元昊）建立，首府兴庆府（今宁夏银川），初时辖18州，版图最大时有22州，辖今宁夏回族自治区、甘肃省大部，陕西省北部以及青海省东北、内蒙古自治区西部地区。先后与辽、北宋及金、南宋鼎立。传十代帝王，后为蒙古所灭。

作比较

通过对比，让读者感受到两处遗址的不同，再次扣题说明大型石器和小型石器的区别。

点评

"银更"在什么地方，我们能找到它吗？

9月下旬，我们三人从银川乘火车到达了兰州，下榻在兰州饭店。在省博物馆馆长吴恰如先生的陪同下，我们在甘肃省境内考察了20多天。

国庆节前，我们从兰州乘汽车去了武威地区，先到民勤县红崖山水库附近，考察新发现的象化石地点，而后到永昌县的河西堡，考察鸳鸯池五六千年前的属于马厂文化（青海省民和县马厂塬遗址，曾出土了大量四五千年以前的彩陶，属新石器时代晚期）的墓地。

我还记得，在1948年，我曾随裴文中先生和刘宪亭先生等前往民勤境内进行过考古调查。那时当地的百姓缺吃少穿，生活非常贫苦，我们考察有时坐的是马拉的大轱辘车，车轱辘很大但不圆，在沙漠地里走起来咕咚咕咚的。现在再次到那里，情况完全不同了，清一色的柏油路面，路的两侧是高大的杨树，水库中的水非常清亮，微波荡起，泛起片片粼光，真是远非昔日可比。

我们这次到鸳鸯池考察，是因为这里发现了镶嵌在骨柄上的小石片。这一消息是在这次长途旅行前，甘肃省文物局局长王毅先生到北京来告诉我的，这引起了我极大的兴趣。我立即请王毅先生往当地发电报："务必使这个发现物保持原样，连小石片也不要卸下来。"这次到了甘肃，当然不能放过目睹的机会。

1997年6月初，谢骏义来我家时，我们又谈到了鸳

点评

青海省的马厂文化墓地还出土了大量的彩陶呢！

作比较

通过前后的对比，展现了当地人民生活环境的改善。

鸯池的这个发现物。他说是石刀，我记忆中是把镶嵌石片的短剑。因为从形状上看它和剑十分相似，骨制的剑身一端很尖利，中间还有直竖隆脊，在尖端和两侧有挖制的沟槽，沟槽中镶有连接的薄而直的细石叶。这种细石叶在细石器遗址里常能见到，但大多未引起人们重视。最受重视的是各种类型的石核。其实使用的是由石核打击下来的小石片（或称之小石叶）。

小石叶从石核上打击下来时，石片有向内面弯曲的弧面。当把小石片的两端掰去，剩下中间的一段，看上去就很直。再把两端很平的细石叶彼此衔接起来就是很好的很直的刃，而且可以随意衔接长短。如果我的记忆无误，我认为，在目前来说，它是世界上最早的剑。后来的铜剑无疑是由它演化而来的。

工作告一段落，我们返回兰州。国庆过后，我们又由兰州经平凉去了陇东。去陇东的目的是到庆阳城北三里铺访问当地的老农民和天主教老修女，想从当年给桑志华挖掘化石的老人那里，了解一下当时挖掘的情况和地点；从当时在桑志华神父管辖下的修女那里，了解当时桑志华工作的情况。因为年代久了，如果不加记载，就会丢失这一段历史。桑志华于 1920 年在这一带发现了许多哺乳动物化石和石器，石器距今已有数万年的历史。石器地点有两处，均在黄土中部、底部，这在中国是首

点评
作者提出了不同看法，并且见解独到。

细节描写
通过对小石叶的细节描述，让读者很形象地了解到小石叶的形象，同时肯定了作者的判断。

点评
特别提及桑志华工作的那段历史，是因为这是中国首次发现旧石器。

次发现。现在他采集的化石绝大部分还保存在天津北疆博物馆，即现在的天津自然博物馆里。

最后我们在王毅先生的陪同下，南下到天水的麦积山。我们调查了天水地区的化石地点，并做了此次旅行的工作总结。10月内我们完成了一切工作，我和卫奇先生由兰州登上了返回北京的列车。

我以66岁之身参加这次长途旅行考察，为能为本门学科奋斗不息而感到满意。前人曾教导我，搞好这门学科要"三勤"，即"口勤、手勤、脚勤"。前人的教导虽然只有六个字，我却深刻地感受到它对我的成长和成才带来了莫大的教益。研究古人类学、旧石器考古学及古生物学和搞地质学一样，如果不亲自去跑、去看、去找，只仰仅向别人要点儿材料做研究，是永远也不会成功的。

点评

作者66岁了，还奋斗在考察一线，真的让我们感动和钦佩不已。

我的笔记

日积月累

久负盛名　仰慕已久　奋斗不息

佳句欣赏

途中偶尔能遇到帐篷，它们都支在有一点儿荒疏的草的地方。遇见这样的帐篷，只要你在外面问一声好，就可以走进去，盘腿在地毯或毡子上一坐，就会受到主人很好的招待，奶茶是少不了的。帐篷里总烧着水，女主人马上会擦一擦碗，抓上一把炒过的糜子粒，倒上煮好的砖茶，放在客人的面前。

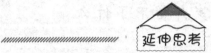

1.远古人类以石击石的方法打制出的石器主要分为哪两类？

2.贾兰坡先生认为细石器起源于哪里？

3.1974年9月，我们参观考察了仰慕已久的什么遗址？

流逝的岁月留下了什么

？文前小问号

任何人的成功都不是偶然的。贾兰坡先生的一生是辉煌的一生，他的精神和成就时时给我们青年一代以指引。

点评

开篇点题，引出全文，精炼而概括。

我是决不会白白地浪费时间的。若不经常外出搞野外工作，就在家写一些理论性的文章，不管别人对我的观点能否接受，我都照写不误。即便错了，通过探讨，对自己或对后人也是提高。1978 年，当我 70 岁时，我发表了下面这些文章，并发表了 3 本专著：

《中国细石器的特征和它的传统、起源与分布》（《古脊椎动物与古人类》，16 卷 2 期）；

《从工具和用火看早期人类对物质的认识和利用》

（《自然杂志》，1卷1期）；

《"北京人"时代周口店附近一带气候》（《地层学杂志》，2卷1期）；

《周口店"北京人"之"家"》（《北京史地丛书》，北京出版社）；

《西侯度——山西更新世早期古文化遗址》（与王建先生合著，文物出版社）；

《中国大陆上的远古居民》（天津人民出版社）。

1980年以后我发表、出版的著述有：

《上新世地层中应有最早的人类遗骸及文化遗存》（《文物》，1982年第2期，与王建先生合作）；

《中国的旧石器时代》（《科学》，1982年第7期）；

《建议用古人类学和考古学的成果建立我国第四系的标准剖面》（《地质学报》，1982年第3期）；

Early Man in China（《中国早期人类》，外文出版社，1980年）；

《人类的黎明》（主编，上海科学技术出版社、香港三联书店，1983年）；

1984年我与黄慰文先生合作，为外文出版社写了20多万字的《周口店发掘记》，它的英文译本为 *Story of Peking Man*（《"北京人"的故事》），天津科学技术出版社出版了中文版。

读书笔记

点评

通过后文我们可以看到，这本书的出版意义重大。

点评

这本书后续又会带来什么样的影响呢？

1989 年我病愈出院后，反倒越来越忙了。虽然我很少到研究所的办公室去上班，但我在家里仍每天工作 6 小时以上。如有人来访，那就算是我的休息。不但如此，我还没有礼拜六和礼拜天。

人的一生是短暂的，即使每个人能工作 60 年，掐指细算也只有 21900 天，去掉工休日、节假日，再以每日工作 8 小时计算，人的一生用在工作上才有多少时间呢？

人的一世，并非在于吃喝玩乐、穿着打扮，而应该为祖国、为事业干出点儿成绩。所以我以工作为乐趣，把自己不知道的东西变为知道，其乐无穷。

我有青光眼和白内障，每天要戴着老花镜和拿着放大镜写文章，的确很费劲，但我每写完一段或一节，心里都会感到高兴和愉快。

进入 20 世纪 90 年代，我常为青年人写的著作作序。为青年人的著作作序，是对青年科学工作者的鼓励和支持。所以每当别人有求于我，不管认识或不认识，一般我都不拒绝。写序也很麻烦，你必须把文章都要看完，看明白，才好给人家指指点点。

除此之外，近几年我写的著作有：

1994 年，《中国古人类大发现》，香港商务印书馆出版；

列数字

通过数字说明加提问的方式，既是进行反思，也是劝告我们每个人都要珍惜时间。

点评

作者年龄大了，身体不好，还能这样努力工作和学习，想想我们呢，是不是应该更努力呀！

1995年,《中国史前的人类与文化》（与杜耀西、李作智两位先生合作），台湾幼狮文化事业出版公司出版；

1996年,《发现"北京人"》（与黄慰文先生合作），台湾幼狮文化事业出版公司出版。

我写出的文章和著作，别人有什么反馈，这是我很关心的事。我把我能收集到的评论材料都装订起来，名为《拙著评述》。现在已有了第一册，目前我还在继续搜集，准备订第二册。那部 Early Man in China 出版后，我收到了许多国家同行的来信。信中绝大部分都是颂扬的话，对我给予了鼓励。只有一例，说著作中我不应该引用恩格斯的话，因为他不是古人类学家。

对于1983年出版的《人类的黎明》，香港《明报》当年3月17日以《精美的科普图册》为题，发表述评说：

　　……一个有希望的国家，她的出版物应该是尽善尽美的、多姿多彩的。现在搁在我手边的这册《人类的黎明》同样令我心情激动……

　　这是一本精装的大开本图册，有部分是彩页，印刷十分精美，由香港三联书店出版。起初我感到美中不足之处，便是用的简体字，后来却又因此而释然。理解到这本图册的主要读

点评

看得出来，作者是一个谦虚、好学的人。

点评

香港《明报》对《人类的黎明》一书给予了高度评价。

者对象，应是中国大陆的青年。大陆青年可以读到这么精美的科学图册，应是首次，深信必会引起他们对科学的兴趣——任何一种读物，印刷、设计与装帧的精美，都会使读者爱不释手。……我将这本《人类的黎明》拿在手上，会产生一种自豪感，我已不再把它看作是某出版社的出版物，而看成是中国的出版物。……《人类的黎明》编者是中国著名古人类学权威贾兰坡教授，现在香港博物馆展出的古人类化石，有部分便是由他所发掘的。

点评

当时的著名报刊纷纷引用和介绍这本书，说明了这本书受到了广泛的关注。

香港《大公报》当年3月28日在第12版，登载了署名融民的作者以《科学地反映人类起源学说的图册——介绍〈人类的黎明〉》为题的文章。文中用了很大的篇幅介绍这本书，其中有一段这样说：

点评

《人类的黎明》的问世，很好地满足了人们对系统地了解人类起源的知识渴求。

……关于人类的诞生的演进，科学已经一再证明进化论的正确，可是那详细的过程和证据，许多人仍然希望有一本读物加以清晰阐述。

最近作为《图解科学普及全书》其中一卷的这本大型图说《人类的黎明》的问世，基本上满足了人们的这一渴求。图说由我国著名古人类学家和旧石器时代考古学家贾兰坡教授主编。编辑时，曾获国内外不少权威学术机构和个人的协助。全卷收图 400 余幅，约四分之一是彩图，内有 12 万字说明……每章撰述者，均是有关专家、学者，他们援引了大量的出土文物和中外同行的最新研究成果，将各该范围内一向颇多争议的问题一一分析缕述，一新人们耳目……

✎ 列数字

通过具体的数字，再次说明了这部著作的伟大之处。

3月27日香港《文汇报〈百花〉》专刊，以《从中国古人类展览谈到〈人类的黎明〉》为题，刊载了如下论述：

……最近，香港三联书店又及时地出版了《人类的黎明》——人类的起源与演化图说。这是一部科普图说，它围绕着人类的起源和演化这个主题，以"图解"的方式，介绍了古人类学的基础知识和新近的研究成果，图文并茂，内容生动。编撰者从人类的母亲——地球谈起，横剖动物与人类起源的关系，纵论人类的诞生和发展，直到现代遗存的原始人类生

✎ 点评

以图文并茂的形式，生动地再现了古人类学的知识和研究成果。这的确是一部非常有科学价值的好书。

活折光反映，形象地显示了人类初生阶段的场景……

3月24日，香港《新晚报》以《中国第一部突破性的科普图说——贾兰坡主编的〈人类的黎明〉》为题，刊登了评论：

> ……而本书所探讨的"人类的起源与演化"的问题，我们的考古学界近年来的研究成果、所获得的出土化石，足以证明人类真正历史的确实性。本书就是以第一手的资料和深入的研究成果，反映了我国科学家在古人类学这方面的新成就。……

《周口店发掘记》的英译本将书名改为 *Story of Peking Man*（《"北京人"的故事》），日文译名为《北京猿人匆匆来去》。1985 年第 2 期的《对外出版工作》（外文出版社）上发表了一篇《〈周口店发掘记〉将搬上日本银幕》的简讯：

> 《周口店发掘记》（日本译名《北京猿人匆匆来去》）在日本出版后，受到读者热烈欢

点评

《人类的黎明》"不愧为中国第一部突破性的科普图说"。

点评

这句话很明确地写出了《新晚报》对这本书的赞赏。

读书笔记

迎，著作很快销售一空。

　　日本电视工作者同盟决定根据本书拍摄电视片——《周口店"北京人"匆匆来去》。该片导演太原丽子一行5人于今年2月11日至21日来我国拍片，著名古人类学家、《周口店发掘记》作者贾兰坡在家接受了采访。正逢新春佳节，宾主在家吃了一顿饺子午宴，气氛热烈而亲切。

　　点评

　　《周口店发掘记》在国外也很受欢迎，不但销售一空，还被拍摄成电视片。

这本书的出版发行，我们并没有拿到多少稿费。有的外国人把书给我寄来，叫我在书上签名再给他寄回去。这样我反而花出去很多邮寄费。

　　对我著的《中国古人类大发现》一书，也有评论。在《化石》（中国科学院古脊椎动物与古人类研究所主办）1995年第3期上，发表了署名"了望"的文章，文章题目为《〈中国古人类大发现〉一书问世》，文中写道：

　　点评

　　通过引用，表明了对《中国古人类大发现》一书的高度评价。

　　……贾兰坡教授在书中用通俗易懂的语言和引人入胜的情节，叙述了我国不同时期古人类化石的发现、发掘和研究的梗概，并按照人类文化发展的序列，阐明其性质，赋予了新的

内涵。……该书内容丰富，图文并茂，……对于酷爱本门学科的读者来说，可谓如鱼得水，久旱遇雨，值得一阅。

香港1995年4月号《读书人》月刊以《中国古人类大发现》为题发表了占3页版面的评论，其中有一段：

以贾兰坡的高龄，及对古人类学修为之深，很难要求他的文章能令初学者看得明白。

但令人赞叹的是，这部近150页的《中国古人类大发现》，竟是一个娓娓动听的中国古人类历史故事。

贾兰坡像在对一群年轻朋友讲话，他以第一人称的写法，告诉大家过往中外学者研究人类历史起源的重点，而他在中国的考古研究中，发掘了什么遗址、该遗址有何特点，并将发掘出来的人类头骨化石及生产工具作了详细图文解说，等等。

评论者苏女先生也提出了一些意见，如：

对于一些特别名词，编者宜作注释及作图

点评

贾教授不但学问高深，更为难得的是，他的文章通俗易懂，这真是我们的幸运，快去多读一读他的著作吧！

点评

既看到广泛的好评，也没有忽视评论家提出的意见。

解；名词用词必须统一，62 页用了"周口店乡"，63 页却写"周口店镇"；同在 55 页，一时写 100 万年，另段又写 1.00 百万年，容易使读者混淆；在中国古人类遗址分布图中，没有此书说的人类起源的最大发现地——禄丰县；虽然贾兰坡没有在该地进行发掘考古，也宜标示地点，完整地显示中国古人类的存在踪迹。

对苏女先生的鼓励和提出的良好意见，我非常感谢。

到目前为止，我一共写了 456 篇文章，还有大小 20 册书。我的文章及一些小册子也有很多是科普性的。我为这门学科奉献了近 70 年，我很爱这项事业，我希望后继有人，希望这门学科不断地前进和发展，所以除了写一些学术论文外，在科普文章中，我也花了很多精力。

我极力宣传、普及这门学科，从上述的一些评论中，也可以看出人们是多么喜欢科普性的读物。如果专写学术性的文章，在文章中罗列一大串专用名词，有谁爱看和看得懂呢？科普作品也许不被算作成绩，不算成绩就不算吧，反正我不是为个人成绩而活着，只要问心无愧就心满意足了。

我是快 90 岁的人了，人老了，不免总想起过去的

读书笔记

列数字

通过数字，直观地说明了作者为这门学科贡献了多么丰富的文献著作，让我们向贾教授致敬！

点评

作者为读者喜欢自己的科普性读物而感到高兴，他的书和文章为科学的普及做出了重大贡献！

事。往事一幕幕像电影一样在脑中放映。从 1931 年春我 22 岁进中国地质调查所当练习生算起，除了七七事变日本人占领北平，我失业干了 3 年"卉园商行"买卖外，掉头去中，我在我的老本行干了 60 多个年头。我热爱我的工作，对这门学科充满了深厚的感情。我更希望在我离开人世之前，能看到更多的青年投入到这门学科的队伍中来，使这门学科后继有人，不断地发展和壮大，年轻人能超过我们这一代，做出更大的成绩。

我中学毕业，从练习生起家，1933 年升为练习员；之后，当时的领导看我工作努力，为了培养我，叫我到北京大学地质系进修，学习普通地质学、地层学（前边没有提及过，是我回忆中漏掉了）；1935 年升为技佐；1937 年升为技士（因为日本侵华，上报后没得到正式批文，暂按调查员任用，1945 年日本投降后正式按技士职称任用。技士相当于今天的副研究员）；中华人民共和国成立后，仍任副研究员；1956 年升为研究员。我已经迈入了高层的研究领域。我没有上过大学，也没到国外留过学，我是从一个什么都不懂的小伙计，一步一步攀登上来的。我是从石头夹缝中走过来的人。

有人说我是"土老帽"遇上了好运气，这点我承认。我是个地地道道的土老帽，没进过高等学府，也没留洋镀过金。至于"运气"，我认为就是"机遇"。我的机遇

点评

表达出作者对这门科学的深深热爱和深厚的感情。同时，也对青年们提出了希望并给予美好的祝愿。

点评

表达出作者对"伯乐"们的感激之情。

非常好。我一进地质调查所就能在一些国内外著名学者像步达生、魏敦瑞、德日进、杨钟健、裴文中等手下工作，还遇到了像翁文灏这样的领导。我的地位当时虽然很低，但他们从来没有看不起我，还手把手地教我。他们为了培养我，不但叫我去北大地质系进修，还让我到协和医学院解剖科正式学习全部课程，平时对我的要求也很严格。我做得不好，他们就不客气地批评；但我工作上有点儿成绩，他们又及时给予鼓励。

我还记得，当年德日进叫我用英文写一篇文章，我的英语基础很差，错误很多，整篇文章，他改正了三分之二，最后落名还是用我一个人的名字。我问他为什么，他笑了笑说，文章是你写的，我只不过帮你改了错句和错字，当然用你的名字。你看，这就是一位大科学家的风范和品德。实际上，像他这样的导师，我是没资格做他的学生的，我怎么能说不走运呢！何况我还守着近在身边的卞美年、裴文中、杨钟健这样的一些人。

就连一些技工和工人，我对他们也很敬重，我能认识一些动物化石最初就是他们指点的。吃水不忘掘井人嘛！看着挂在我家小客厅里的这些老一辈的中国地质学科的奠基人和开拓者的照片，尽管他们多已不在人间了，却常常勾起我对他们的怀念。每逢遇到难题，看看照片，回想起他们在世时的音容笑貌，对我仍是一个很大的

举例子
用一个具体事例表现出大科学家的品德和风范，我们一定要多多向他们学习。

点评
人一定要像贾教授一样，常怀感恩之心。

鼓舞。

俗话说，师傅领进门，修行在个人。我自己的努力，也是我成功的关键。我不但向老师们学习，也在工作之余挤出时间读书。我写下的读书笔记足足有 100 多万字。在实践中，我累积经验，将书本上学到的理论，反过来又指导实践，就这样反反复复。曾当过我们科学院院长的张劲夫讲过：搞事业要"安、钻、迷"，就会干好。所谓的"安、钻、迷"就是要安下心来，能够钻进去，达到迷恋的程度。我就是做到了"安、钻、迷"。

我这个人，还有个脾气，也可以说是个性吧，我不愿意跟在大专家、大学者屁股后面跑。尽管他们亲手把我教会，把我培养出来，但对他们在学术上的观点，我也用自己的头脑过一遍，对的支持，认为不对的，就大胆地提出自己的见解。我有我的一定之规：要叫自己的头脑围着事实转，不能叫事实围着自己的头脑转。别人画好圈儿你就钻，绝不会有什么大成就。但是一旦发现自己有错，就要敢于大胆改正，以免误人、误己。越是成了名的专家，越应具备这种精神和勇气，这才算得上"维护科学的尊严"。

20 世纪 50 年代末和 60 年代初，我和裴文中先生关于"北京人"是否是最原始的人的争鸣，就是最好的例子。我与裴先生的争鸣纯粹是一场学术上的争鸣，这

列数字

仅读书笔记就写了 100 多万字，可见作者在钻研学问上所下的苦功了。

点评

要努力学习他这种钻研的工作作风和严谨的科学态度。

场争鸣不但没有影响我俩之间的感情和关系，反而带动和促进了我们对这门学科的研究。我对裴先生也更加尊敬了。

湖北省考古所李天元先生在郧县[①]发现了郧县人之后，把头骨拿到我们研究所里来，叫我所帮助修理。当时整个头都还被钙质结核包裹着，只露出了一部分牙齿。

我发现臼齿很大，很像南方古猿。我就说这好像是南方古猿。等到我的老朋友胡承志先生到武汉帮他们把头骨修出来以后，他对我说：不是古猿，是直立人。连李天元教授也认为是直立人的头骨。以后我也承认是直立人了，我并没坚持自己的看法，事实就是事实，在没修出之前我没看准。但此臼齿之大，与其他直立人有很大差异，其原因至今连与湖北省考古所合作研究的美国专家也没搞清楚。

半个多世纪以来，我在旧石器考古学、古人类学、第四纪地质学等方面，也做出了一些成绩，受到了国内外同仁的好评。我应邀到过我国的香港、台湾以及日本、美国、阿尔及利亚、瑞士等地区和国家去讲学和进行学术交流，所到之处都受到了热烈的欢迎和盛情的款待。从中我看到了国外在科研上的长处，有着很多值得我们

---

① 郧（yún）县：现今湖北省十堰市郧阳区。

读书笔记

点评

虽然已经很有声望，但作者仍能勇于承认错误，这是非常值得我们尊敬和学习的。

点评

虽然学术成就很高，并且得到国内外的认可和好评，但作者还要认真地分析国外在科研上的长处，这一点特别值得我们学习。

学习和借鉴的地方；我也看到了我们自己的优势。

在我国台湾的台中自然博物馆，我看到那里的科普工作做得非常好，声、光、像及电脑等高科技手段都用上了。在一个展示蚊子的展台前，模型蚊子的头被放大到直径足有1米，吸血的嘴直撑地板，使人一眼就能看清它的结构和它吸血的过程。在立体剧场里，我们看到了火山爆发的演示，火山爆发巨雷般地震耳骇人；喷出的岩浆火花四溅，岩浆缓慢地顺山谷流下，激起的海水波涛汹涌。这种模拟逼真的景象，使人一目了然。在"北京人"展厅里，塑造了原样大的"北京人"在洞内生活的景象，表现非常生动，根本用不着解释。另外还有肉食恐龙和草食恐龙的对话，不仅活泼有趣，还使人感到确实应保护自然环境，保护好我们的地球。台中自然博物馆，每天，特别是节假日，都吸引着成千上万个孩子及大人去参观。

相比之下，大陆的博物馆多是在标本前放上一张标签，就像摆地摊一样，死气沉沉，叫人感到乏味，怎能激发起青少年的兴趣呢？

1995年4月，我应邀到美国华盛顿参加新当选的院士签字仪式，在旧金山和华盛顿也参观了一些博物馆。给我印象最深的是美国人非常喜爱博物馆。不管是旧金山的亚洲艺术博物馆、自然科学博物馆，还是华盛顿的

点评
生动形象的高科技展示方式吸引着成千上万的人参观，这无疑是一种很好的科普方式。

点评
说明了国内在科普展馆上还需要改进和提升，以更好地吸引青少年，培养他们科研的兴趣。

国家自然历史博物馆、航天博物馆等，参观的人都非常多。特别是星期天，人们很早就排起了长队，等候博物馆开门。学生也很多，一队一队的。在亚洲艺术博物馆里，有一个很大的房间，中央放着大桌子，很多小学生围在桌前写着什么，书包放在地上。我问了陪同我参观的一位工作人员才知道，美国对博物馆这块教育基地非常重视，很多博物馆都有这样的房间供学生使用。小学生参观完后，老师给他们出题，他们就围在桌前写观后感。有的学生没看清楚，还可以跑去再看，回来再写。这不都是值得我们学习和借鉴的地方吗？

当然我们也有自己的优势。我国地域辽阔，地层保存完好。越来越多的古人类化石和旧石器遗址相继被发现，一个个缺环被找到。很多国外的科学家都把眼光逐渐地移向中国，他们也都想跑到中国来看看，寻找人类的祖先。既然这门学科是世界性的，那么它就会受到各国科学家的关注。随着改革开放的不断深入，这项事业的国际合作，给我们带来了一片光明的前景，也更能促进我国这门学科的发展和繁荣。

1980年，我当选为中国科学院院士（当时称学部委员）；1994年当选为美国国家科学院外籍院士；1996年当选为第三世界科学院院士。一个仅仅上过中学的人能够获得三个院士的荣誉称号，这足以使我感到欣慰。我

点评

这真是鼓励小学生及时完成观后感的好地方，对我们也有很好的学习和借鉴意义呢！

点评

学科是无国界的，相信随着国家的发展和国际合作的加强，更能促进这门学科的发展和繁荣。

引用

通过引用诗句，再次看出作者真的没有虚度年华，他的贡献和成就是伟大的，他的这种在有生之年奋斗不息的精神值得我们去学习。

点评

这真是一位为伟大发现做出重大贡献的科学家。

点评

再次表达了老科学家继续为这门学科做贡献、为年轻人的成才铺路抬轿的愿望。

的工作没白费，我也没有虚度年华。我做出的一点点成绩，得到了世界的承认。

"春蚕到死丝方尽"，我在有生之年，仍会在我的事业上奋斗不已，为发展我国的古人类学科、旧石器考古学奉献光和热。

话又说回来，快90岁的人，跑也跑不动了，还能干什么呢？1995年，美国世界探险中心（探险家俱乐部）推举我做一名会员，我说："这个俱乐部都是探险家，有第一次航天的，有登月球的，我算什么呀！别说探险了，现在就连小板凳我都上不去了。"他们笑着说："我们都知道，你钻过山洞，钻过300多个山洞，钻洞也是探险。不是说你还能不能再探险，而是你为探险事业作过贡献。"

我现在眼、口、手、脚都快不听使唤了，我想奉献的光和热就是要把青年人培养成才，希望他们接好我们这一代人的班，在21世纪里挑大梁，超过我们，做出的工作比我们更有成绩。我的成绩也希望得到他们的检验。我在1995年4月访问美国时，利基基金会在旧金山为我举行欢迎会，来自湾区的著名科学家、教授、作家、记者、旧金山华人代表有近百人。我在致答谢词时说："我虽然老了，但我还希望在有生之年为这门学科作出自己的贡献。更多的工作应靠年轻人去做。他们思想开放，更容易掌握先进技术和方法，比我们老的更强。我愿意为他们抬轿子。"

给青年人抬轿子，扶他们走上一段，是我们老一辈的责任。我也是在老一辈的教导下走过来的。对青年人要爱护，要严格，但不能打击，否则不利于他们的成长。

60多年里，我写了400多篇（部）论著，但给青少年写这么多还是第一次。因为我不是小说家，语言修辞不是很好，有些学术上的东西也怕青少年朋友不好懂。我的水平有限，也只好这样了。我是从周口店起家的，我的命运、事业与周口店紧紧连在一起，没有周口店，也就没有我的今天。青少年朋友可能不知道有我这个贾兰坡，但一定会知道周口店"北京人"遗址，这在课本上会学到。它不但被联合国教科文组织列为世界文化遗产，也多次被北京市列为青少年教育基地。在周口店"北京人"遗址里，发现古人类的材料之多、背景之全，在世界上是首屈一指的。

保护好这个世界文化遗产，使之为越来越多的人所关注，这也是我的一个心愿。我在一些文章中多次呼吁，除了要保护好这个遗址外，在有条件的情况下，在遗址周围还应种上50万年前的树木和草丛，塑造出"北京人"打制石器、狩猎、采集果实和使用火的场景，逼真

点评

做为一名科学家，为青少年写了这么多通俗易懂的科普作品，还十分谦虚，让人敬佩。

点评

这份宝贵的世界文化遗产，我们一定要保护好！

地再现"北京人"的生活，使参观者一进遗址大门就能感受到仿佛进入了 50 万年前。那样，"北京人"遗址就会越来越受人们，特别是青少年朋友们的喜爱，成为真正的教育基地。青少年对这门学科产生了浓厚的兴趣，就会有更多的青年加入到这门学科队伍中来，这门学科就会有更加快速的发展，再现新的辉煌。

我在第七届全运会上将亲手点燃的"文明之火"火种传给了青年，他们又一个个传递下去。"文明之火"与"进步之火"的火种将燃起熊熊的科技之光，照亮祖国这块神州大地。

我有机会写一下自己，这只是个以讲故事的方式写下的自述，想到哪里就写到哪里，因为不是什么传记，就不必担心什么，同时还能澄清一些事实。例如，在我的一份材料中，不知谁为我填写了简历。写得不但词句不通顺，更可气的是说我在伪地质调查所工作过两年。"伪"当然是指日寇侵华之伪。我从来没在伪政府部门干过事。知道我的人目前还大有人在，他们都可证实，不然和我一起工作过的人不在世了，这岂不是又成了无头冤案？

想到过去，就会想到父母对我的养育之恩，想到今天能有一点儿所得，就会想起我的先师杨钟健、裴文中、德日进、魏敦瑞等人对我的教育和鼓励，就会想到他

点评

作者用传递火种的仪式再次表达了自己的愿望，他希望有更多青年加入这门学科之中，传递这些"文明之火"和"进步之火"，再现新辉煌。

点评

作者不但潜心科研，还有一颗炽热的爱国之心。

们对我的严格要求。当然这点儿所得也和一些老中青朋友对我的无私帮助分不开，我向这些朋友们深深地鞠上一躬。

其乐无穷　引人入胜　通俗易懂

佳句欣赏

人的一生是短暂的，即使每个人能工作60年，掐指细算也只有21900天，去掉工休日、节假日，再以每日工作8小时计算，人的一生用在工作上才有多少时间呢？

延伸思考

1.贾兰坡先生一共写了多少篇文章、多少册书？

2.贾兰坡先生在考古方面工作了多少年？

3.工作之余，"我"写下的读书笔记有多少万字？

读《人类起源的演化过程》有感

深圳市福田区实验教育集团侨香学校 四（4）班 刘紫熙

我用了一周的睡前阅读时间读了《人类起源的演化过程》这本书，它使我学到了许多科学小知识。

这本书的作者是贾兰坡，他是我国著名的旧石器考古学家、古人类学家。他用非常生动的笔墨为我们讲述了有关人类起源的问题。

人类很早就想知道自己是怎么来的，但一直得不到正确的认识，就说人是用泥土创造出来的，这是一种"神创论"。在这本书里，贾兰坡爷爷肯定地告诉大家，人类是从猿到人，一步一步地演化成今天这个样子的。这本书让我们知道了人是从猿进化来的，人与猿的真正区别在于人会制造和使用工具。在从猿向人类演化的过程中，只有能制造和使用工具了，人才算真正出现了。人类学会制造和使用工具以后大大增强了适应和改造环境的能力，不断地进步着，才一步一步有了我们现在的样子。

通过阅读我知道了能劳动、会制造工具，是人区别于动物的重要标志。劳动对人类的生存和发展有重大意义，学校现在又专门开设了劳动课，就是要让我们从小养成良好习惯，多动手，多思考，才会有更大的收获。平时我们在学习中碰到很多知识点，会觉得很简单，但是我们从来没有多问几个为什么。我现在明白了，学习知识就一定要像贾兰坡爷爷那样通过不断的实践，在许许多多平常的现象里发现更多新的知识。

读了《人类起源的演化过程》这本书，我很受震撼，一个人的生命相对于人类进化的漫长过程，真的是非常短暂，所以我们应该更加珍惜时光，多做一些有意义的事情。

指导老师：邱法兰

朝着目标坚定地前进
——读《人类起源的演化过程》有感

深圳市福田区东海实验小学 四（7）班 柯曾元

每次去博物馆参观看到各种古人类化石，我总是很疑惑：这些化石有什么可看的？它们到底珍贵在哪里呢？最近我读了《人类起源的演化过程》这本科普著作，终于解开了"我们究竟从哪里而来？最早的人类长什么样子？"等困扰了我很久的问题。

这本书是我国著名的考古学家和古人类学家贾兰坡教授专门为少年儿童写的科普读物。书中首先明确了人是由猿逐渐进化而来的，随后详细介绍了"北京人"头盖骨的发现过程，接着讲述了为寻找比"北京人"更早的人类化石，考古工作者不辞辛苦，长期在野外勤勤恳恳地工作，凭着勤奋和实事求是的科学精神，最终发现了蓝田猿人头骨化石，把我国古人类生存的年代又向前推进了五六十万年。

贾兰坡教授用自己一生的考古经历向我们展示了人类起源过程中一幅幅生动具体的画面。我想到我时常给自己定目标，但是一遇到挫折就放弃。两年前我开始练字，每天都要练习，渐渐地感到很枯燥，妈妈又总是逼着我练字，于是我就以学校作业多为借口逃避练字。结果呢？字一直写得歪歪扭扭，经常被老师批评。想到贾兰坡教授为了实现心中的目标坚持钻研，我也要朝着我的目标坚定前行。我最近给自己重新定了目标：任何困难都不能阻止我天天练字。渐渐地，我的字一天比一天有进步。

《人类起源的演化过程》不仅是一本科普书，更是一本励志书，它时刻激励我：只要朝着目标坚定前行，成功一定会出现在面前。

指导老师：雷湘

读《人类起源的演化过程》有感
深圳市福田区实验教育集团侨香学校 四（3）班 江佩霖

"对待科学的态度，我认为人的头脑要围着事实转，不能让事实围着自己的头脑转。对的就要坚持，不管你面对的是外国的权威，还是中国的权威。错了就要坚决改，不改则会误人、误己。"这是我在读完《人类起源的演化过程》后一直不能忘记的一段话。我从书中学到了很多科学知识，尤其是关于考古学方面的知识，令我受益匪浅。

本书的作者贾兰坡先生是一位著名的旧石器考古学家和古人类学家。在书中，他将自己对人类起源与演化的认知和发现，用严谨的治学态度和详细生动的笔墨娓娓道来。

关于人类起源的问题，有许多的神话传说，说人是神造的，这就是"神创论"。但贾兰坡先生肯定了人类"从猿到人"的进化历程。书中作为证论，他向我们介绍了生活在 50 万～20 万年前的"北京人"化石的发掘过程。他还告诉我们："蓝田人"化石和西侯度遗址石器证明还有比北京人更早的古人类；世界各地发现的古猿人化石说明人与猿早在约 500 万年前就分道扬镳了；直立行走和使用工具是人类演化的重要一环……通过贾兰坡先生严谨生动的介绍，我对人类的起源与演化过程有了更多的了解。

在书中，我印象最深刻的事件，当属贾兰坡与斐文中争论"北京人是否是最早的人"这一问题。这一争可就是四年之久。贾兰坡在这一千多个日夜里，搜集了许多证据，做出了许多猜想，撰写发表了多篇论文，还常常与斐文中争得面红耳赤，但始终坚持自己的看法，可见其严谨、实事求是的治学态度。这场争论也引起了学术界的很大轰动，许多科学家纷纷发表的自己的观点，大大促进了这门学科的发展。

读完这本书，我们真切地感受到贾兰坡先生为实现理想、追求知识和真理所做的坚持不懈的努力。我们在生活中也要向他学习，要为知识和理想努力学习奋进，也要在遇到困难时乐观勇敢不退缩。

指导老师：陈梦梅